교과서 밖으로 튀어나온 곤충 2

일러두기

1. 곤충의 국명, 학명은 국립생물자원관의 국가생물종목록에 따라 표기하였습니다.
2. 곤충의 북한명은 '안능호, 전미정, 서홍렬, 김기경, 박선재, 한상훈, 2013.《국가 생물종 목록집》〈곤충〉(북한지역 곤충). 국립생물자원관'에서 인용하였습니다.

교과서 밖으로 튀어나온 곤충 2

불완전 탈바꿈을 하는 곤충_메뚜기목, 잠자리목, 노린재목, 하루살이목, 사마귀목

초판 1쇄 발행일 2023년 9월 22일

지은이 임권일
펴낸이 이원중

펴낸곳 지성사 **출판등록일** 1993년 12월 9일 **등록번호** 제10-916호
주소 (03458) 서울시 은평구 진흥로 68, 2층
전화 (02) 335-5494 **팩스** (02) 335-5496
홈페이지 www.jisungsa.co.kr **이메일** jisungsa@hanmail.net

ISBN 978-89-7889-539-2 (73490)

불완전 탈바꿈을 하는 곤충
메뚜기목, 잠자리목, 노린재목,
하루살이목 , 사마귀목

교과서 밖으로 튀어나온 곤충 2

글과 사진 임권일

지성사

들어가는 글

불완전 탈바꿈을 하는 교과서 속 곤충을 소개합니다!

우리나라에 사는 생물의 수는 얼마나 될까요? 우리나라에는 포유류, 양서류, 곤충류, 관속식물류, 균류 등을 합쳐 총 5만 8050종(2023년, 국가생물종목록 기준)의 생물이 살고 있어요. 그중 곤충류는 총 2만 274종으로 우리나라 전체 생물 가운데 30퍼센트가 넘을 만큼 가장 큰 무리를 차지하고 있지요.

그런데 이렇게 수많은 곤충 중에서 우리가 이름을 아는 종은 얼마나 될까요? 아마도 나비나 사슴벌레, 딱정벌레, 하늘소처럼 널리 알려진 극히 일부 곤충의 이름만 알고 나머지는 전혀 모르는 경우가 대부분일 거예요. "그까짓 곤충 이름 따위 뭐가 중요해요?" 이렇게 묻는 친구들도 있을 거예요. 하지만 곤충을 알아 간다는 것은 단순히 곤충 이름을 익히고 곤충에 관한 지식을 넓혀 가는 게 아니에요. 다시 말해 곤충을 관찰한다는 것은 단순히 곤충학자나 생물학자가 되기 위한 것이 아니라는 말이지요.

곤충을 알아 가는 가장 큰 목적은 바로 생명의 소중함을 깨우치기 위해서예요. 주변의 아주 작은 곤충이라도 생태계에서 저마다의 역할이 있고, 그 종이 사라지면 사람들에게도 영향을 준다는 사실을 알아 가는 것이지요. 그 원리를 이해하면 작은 곤충이라도 함부로 죽이는 일은 없을 거예요. 곤충을 소중히 여기는 사람이 다른 사람을 함부로 대하는 일도 없을 테고요.

곤충을 알아야 하는 또 다른 목적은 바로 관찰력과 탐구력을 키우기 위해서예요. 곤충이라는 작은 대상을 들여다볼수록 관찰력과 탐구력을 향상할 수 있어요. 그렇게 익힌 능력들은 여러분이 세상을 보는 눈과 힘을 길러 주어 인생을 살아가는 데에도 큰 도움이 되지요. 특히 관찰력과 탐구력은 위대한 발견이나 창의적인 생각을 끌어내는 가장 큰 밑바탕이 되어 줄 거예요. 이 정도면 왜 우리가 곤충을 알아야 하는지 그 이유를 알 수 있겠지요?

그렇다면 곤충은 언제부터 지구에 살았을까요? 그 기원을 찾으려면 4억 년 전 고생대 시기까지 거슬러 올라가야 해요. 당시 지구의 대기는 산소가 매우 풍부했고, 온도도 따뜻했어요. 곤충이 탄생하기에 알맞은 기후 조건이었지요. 특히 석탄기 후기가 되자 모누라(Monura)라는 이름을 가진 곤충이 나타나기 시작했어요. 이름이 무척 낯설지만, 오늘날 흔히 볼 수 있는 좀벌레와 생김새가 비슷했지요. 그렇지만 녀석은 곤충이라면 있어야 할 날개가 없었어요. 날개가 있는 곤충은 오랜 시간이 더 지난 뒤에야 등장했지요. 날개는 곤충이 더 멀리 이동할 수 있게 해 주었고, 먹이를 사냥하거나 천적의 위협으로부터 도망치도록 하는 데에도 큰 도움이 되었어요. 곤충은 이후 오랜 시간에 걸쳐 진화를 거듭하여 오늘날 100만 종이 넘는 거대한 무리를 이루게 되었답니다.

그럼, 수많은 생물 중에서 곤충을 구분 짓는 특징에는 무엇이 있을까요? 가장 큰 특징은 몸이 머리, 가슴, 배 3부분으로 이루어져 있다는 점이에요. 또 다리가 3쌍이라는 공통점도 있지요. 등껍질이 단단한 딱정벌레 무리, 비늘로 덮인 날개를 이용해 꽃을 찾아다니는 나비 무리, 고약한 냄새를 분비하

는 노린재 무리, 따가운 침을 가진 벌 무리, 뜨거운 여름 쉴 새 없이 맴맴 울어 대는 매미 무리 등 습성이나 서식 환경에 따라 저마다 생김새는 다르지만, 기본적인 생김새는 모두 위와 같은 특징을 가진답니다.

모든 생물은 분류 체계에 따라 나누고 이름을 붙여요. 분류 체계란 공통의 특징을 갖는 무리끼리 묶어서 구별할 수 있도록 사다리 모양의 계층 구조, 곧 '계-문-강-목-과-속-종'으로 정리한 것을 말해요. 왕귀뚜라미를 예로 들면 '동물(계)-절지동물(문)-곤충(강)-메뚜기(목)-귀뚜라미(과)-왕귀뚜라미(속)-왕귀뚜라미(종)'으로 설명할 수 있어요. 절지동물에 딸린 곤충은 크게 딱정벌레목, 나비목, 벌목, 파리목, 부채벌레목, 밑들이목, 벼룩목, 날도래목, 하루살이목, 잠자리목, 바퀴목, 사마귀목, 귀뚜라미붙이목, 메뚜기목, 집게벌레목, 대벌레목, 강도래목, 다듬이벌레목, 노린재목, 총채벌레목 등으로 분류할 수 있지요.

곤충을 더 잘 이해하기 위해서는 해당 곤충의 학명(생물학에서 생물의 종을 지칭하기 위해 붙인 이름)을 알아야 해요. 곤충의 학명을 알면 분류에 따른 위치를 이해할 수 있고, 또 곤충에 대한 정보를 쉽게 찾을 수 있기 때문이에요.

일반적으로 학명은 두 개의 단어로 이루어진 이명법(속명과 종소명으로 구성)을 사용해요. 이때 속명은 대문자로 시작하고, 종소명은 소문자로 나타내요. 예컨대 배추흰나비의 학명은 '*Pieris rapae*'인데, 여기서 속명은 '*Pieris*'이고, 종소명은 '*rapae*'가 되는 것이지요. 흔히 학명 뒤에는 이름을 붙인 사람과 이름 붙인 연도를 밝힌답니다.

《교과서 밖으로 튀어나온 곤충 2》는 교과서에 나오는 47종의 불완전 탈바꿈을 하는 곤충을 소개하고 있어요. 곤충에 관한 주요 설명을 비롯해 한살이 및 특징, 관찰 탐구 포인트와 같은 내용은 여러분이 곤충을 관찰하는 일에 한 걸음 더 나아갈 수 있게 해 줄 거예요. 이 책을 통해 여러분이 곤충이라는 작은 대상에 관심을 기울이며 생명의 소중함을 깨달았으면 해요. 또 관찰력과 탐구력을 길러 '학생 과학자'*로서 역량을 갖추어 나가면 좋겠어요. 마지막으로 귀한 곤충 사진을 책에 싣도록 허락해 주신 손윤한 선생님을 비롯해 많은 분들에게 감사의 말을 전합니다. 그럼, 이제 우리 주변의 곤충을 관찰하러 가 볼까요?

* '학생 과학자'란 과학에 대한 뜨거운 관심과 열정으로 세상을 관찰하고 탐구하는 학생들을 말해요. 여러 면에서 아직 서툴고 부족하지만, 과학을 향한 열정과 도전 정신만큼은 그 누구에게도 뒤지지 않지요. '학생 과학자'는 누가 시키지 않아도 늘 스스로 의문을 품고 새로운 시선으로 세상을 탐구해 나간답니다.

임권일

차례

·노린재목·

·하루살이목·

·사마귀목·

메뚜기

우리벼메뚜기
섬서구메뚜기
각시메뚜기
방아깨비

메뚜기란?

메뚜기는 메뚜기목 메뚜기과에 속한 곤충들의 무리를 말해요. 흔히 사람들이 메뚜기를 말할 때는 논 주변에서 살아가는 벼메뚜기를 떠올리는데, 메뚜기라는 이름의 곤충은 메뚜기과, 주름메뚜기과, 모메뚜기과 등에 포함된 곤충을 포함해 75종가량 된답니다.

전체적으로 몸통이 원통형으로 생겼고 몸 색깔은 녹색, 갈색을 띤 것이 많아요. 커다란 겹눈이 있으며, 뒷다리가 잘 발달해 멀리 점프할 수 있지요. 울음소리를 내는 발음기와 이를 감지할 수 있는 청각기도 발달했어요. 주로 풀숲에서 식물의 잎이나 줄기 등을 갉아 먹으며 살아간답니다.

메뚜기의 각 부위와 명칭

(사진: 우리벼메뚜기)

메뚜기의 성별(암컷과 수컷)

메뚜기 무리는 보통 암컷이 수컷보다 몸집이 더 커요. 알을 낳으려면 에너지가 많이 필요하기 때문이에요. 또 짝짓기할 때 천적이 나타나면, 등 위에 수컷을 업은 상태로 멀리 이동해야 할 수도 있어요. 암수를 더 정확히 구분하려면 산란관을 찾아보아야 해요. 암컷은 수컷과 달리 배 끝에 알을 낳는 기관인 산란관이 달려 있답니다.

폭발물을 탐지하는 메뚜기

메뚜기는 후각이 매우 예민한 곤충이에요. 미국의 과학자들은 이러한 메뚜기의 후각을 이용해 폭발물을 탐지하는 연구를 하고 있어요. 메뚜기가 폭약 냄새를 맡을 때 나오는 전기 신호로 폭발물의 위치를 알아내는 거예요. 이를 위해 과학자들은 메뚜기 뇌에 전극을 심고 무선 장치를 가슴에 매달아서 사이보그 곤충으로 만들었어요. 실제로 실험을 통해 메뚜기가 맡은 폭약 냄새는 전기 신호를 통해 컴퓨터에 전송되었지요. 아직 실전에서는 사용되지 않았지만, 머지않아 폭발물을 탐지하는 메뚜기를 볼 날이 오지 않을까요?

무시무시한 메뚜기 떼

주로 식물을 먹고 사는 메뚜기는 대량으로 번식해 농작물에 피해를 줄 때가 많아요. 아프리카나 인도, 중국에서는 사막메뚜기라는 종이 무려 4000억 마리까지 번식해 사람들에게 큰 손해를 끼쳤지요. 전문

가들에 따르면 1톤의 메뚜기 무리가 하루에 먹어 치우는 농작물의 양이 무려 2,500명분이라고 해요. 기후 변화로 메뚜기가 대량 발생하면서 그 피해가 커지고 있답니다.

메뚜기의 한살이

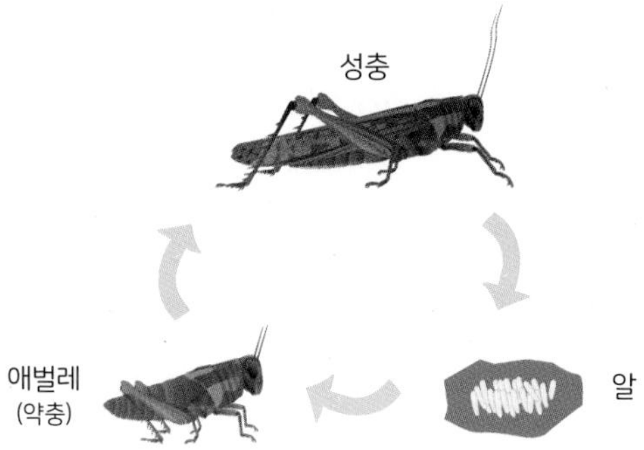

메뚜기는 번데기 시기를 거치지 않고 알, 애벌레, 성충(어른벌레)으로 자라는 불완전 탈바꿈을 하는 곤충이에요. 이때 불완전 탈바꿈을 하는 곤충의 애벌레를 약충이라고 해요. 짝짓기를 끝낸 암컷은 주로 가을 무렵 땅속이나 식물의 줄기 등에 알을 낳아요. 알 상태로 겨울을 나며, 이듬해 봄이 되면 부화하기 시작하지요.

알에서 깬 애벌레는 땅 위로 올라와 식물의 잎 등을 먹고 몸집을 키우며 자라요. 이때 애벌레는 여러 차례 허물을 벗는데, 식물 줄기나 잎에 거꾸로 매달려 껍질에서 빠져나와요. 중력을 이용해 나오려는 거예요. 마지막 허물을 벗으면 마침내 날개 달린 성충이 된답니다.

우리벼메뚜기

학명: *Oxya sinuosa* Mishchenko, 1951
분류 체계: 메뚜기목, 메뚜기과, 벼메뚜기속

우리벼메뚜기는 사람들이 일반적으로 메뚜기를 얘기할 때 가리키는 녀석이에요. 벼메뚜기라고도 하지요. 몸길이는 27~38밀리미터가량이며, 몸 색깔은 전체적으로 누런빛이 도는 녹색을 띠었어요. 하지만 개체에 따라 갈색을 띤 녀석들도 있답니다.

우리벼메뚜기는 우리나라 전국 곳곳에서 살아가요. 벼과 식물이 많이 자라는 농경지나 저수지가 있는 곳이라면 어디서든지 쉽게 만날 수 있어요. 하지만 벼와 같은 농작물을 갉아 먹기 때문에 사람들에게는 해충으로 여겨진답니다. 특히 일제 강점기에 황해도에서는 농사에 피해를 주는 메뚜기의 마릿수를 줄이기 위해 알 덩어리를 사들이기도 했다고 해요.

짝짓기 철이 되면 암컷은 땅속이나 풀줄기에 알을 낳아요. 알 덩어리 상태로 겨울을 난 후 이듬해 8~10월쯤에 성충으로 나타나지요. 한편, 벼메뚜기는 지구상에 존재하는 생물 중에서 유일하게 염색체가 홀수 개 있는 종이라고 해요. 다른 생물들이 모두 짝수 개의 염색체가 있는 것을 보면 무척 희한한 일이에요.

- **크기:** 27~38mm
- **몸 색깔:** 누런빛이 도는 녹색, 갈색
- **사는 곳:** 농경지나 저수지 주변의 풀숲
- **주요 먹이:** 벼과 식물
- **몸놀림(비행 속도):** 중간
- **활동 시간:** 낮
- **멸종 위기 등급:** 낮음
- **관찰 시기(출현 시기):** 1월 2월 3월 4월 5월 6월 7월 **8월 9월 10월** 11월 12월
- **분포:** 전국

한살이 및 특징

암컷은 땅속이나 풀줄기에 알을 낳는다. 알 덩어리 상태로 겨울을 난 후 이듬해 8~10월쯤에 성충으로 나타난다.

관찰 탐구 포인트

- 우리벼메뚜기의 생김새를 관찰해 볼까?
- 우리벼메뚜기의 한살이 과정을 탐구해 볼까?

섬서구메뚜기

학명: *Atractomorpha lata* (Motschulsky, 1866)
분류 체계: 메뚜기목, 섬서구메뚜기과, 섬서구메뚜기속

섬서구메뚜기는 방아깨비와 비슷하게 생겼어요. 그렇지만 방아깨비보다 몸이 짧고 뭉툭한 편이에요. 몸길이는 28~42밀리미터가량 되는데, 수컷에 비해 암컷의 몸집이 훨씬 커요. 몸 색깔은 전체적으로 녹색을 띠며, 종종 갈색을 띤 녀석들도 관찰된답니다.

섬서구메뚜기는 이름이 정말 독특한 곤충이에요. 왜 그런 이름이 붙었는지 정확히 알 수는 없어요. 다만 '섬서구'라는 이름은 삼각형처럼 생긴 녀석의 머리 생김새와 관련이 있어 보여요. 우리 조상들은 가을철, 추수하고 남은 볏단을 논바닥에 삼각형 모양으로 쌓아 두었어요. 그리고 그것을 가리켜 섬서구라고 불렀지요. 녀석의 이름이 섬서구메뚜기가 된 것은 바로 그 볏단의 모습과 비슷하기 때문일 거예요.

섬서구메뚜기는 우리나라 전국 곳곳에서 살아가요. 숲 가장자리나 농경지, 저수지 주변의 풀밭에서 볼 수 있지요. 마릿수가 매우 많아서 들판에 나가면 쉽게 관찰할 수 있답니다. 짝짓기 철이 되면 암컷은 땅속에 알을 낳아요. 알 상태로 겨울을 난 후 6~11월쯤 되면 성충이 나타나요.

- **크기:** 28~42mm
- **몸 색깔:** 황록색, 갈색
- **사는 곳:** 숲 가장자리나 농경지, 저수지 주변의 풀밭
- **주요 먹이:** 벼과 식물
- **몸놀림(비행 속도):** 중간
- **활동 시간:** 낮
- **멸종 위기 등급:** 낮음
- **관찰 시기(출현 시기):** 1월 2월 3월 4월 5월 **6월 7월 8월 9월 10월 11월** 12월
- **분포:** 전국

한살이 및 특징

암컷은 땅속에 알을 낳는다. 알 상태로 겨울을 나며, 성충은 6~11월쯤 연 1회 발생한다.

관찰 탐구 포인트

- 섬서구메뚜기의 생김새를 관찰해 볼까?
- 섬서구메뚜기의 한살이 과정을 탐구해 볼까?
- 섬서구메뚜기와 방아깨비를 관찰하고 차이점을 비교해 볼까?

각시메뚜기

학명: *Patanga japonica* (Bolívar, 1898)
분류 체계: 메뚜기목, 메뚜기과, 각시메뚜기속

각시메뚜기는 생김새가 각시처럼 예쁘다고 해서 붙은 이름이에요. 여느 메뚜기와 비슷해 보이지만 맨 처음 이름을 지은 사람의 눈에는 녀석이 아주 예뻐 보였나 봐요. 각시메뚜기 말고도 녀석에게는 흙메뚜기, 땅메뚜기라는 이름이 있답니다.

각시메뚜기는 남방계 곤충으로 우리나라에서는 주로 전라도, 경상도, 제주도에서 살아가요. 주로 숲 가장자리나 농경지 주변의 풀숲에서 볼 수 있지요. 녀석은 몸길이가 34~70밀리미터가량으로 몸집이 큰 편이에요. 몸 색깔은 전체적으로 옅은 갈색을 띠지요. 몸집이 커서 사람들 눈에 잘 띌 것 같지만 발견하기가 쉽지는 않답니다. 몸 색깔이 주변의 풀숲과 비슷한 보호색을 띠기 때문이지요.

메뚜기 대부분은 추운 겨울을 알 상태로 나요. 하지만 각시메뚜기는 성충으로 겨울을 난답니다. 특히 겨울철에 먹이를 먹지 않고도 장시간(수개월) 생존할 수 있어요. 녀석들은 겨우내 몸을 웅크리고 있다가 봄이 되면 활동을 시작해요. 풀숲에 앉아 햇볕을 쬐기도 하고, 벼과 식물의 잎을 뜯어 먹기도 해요. 성충은 4~6월, 9~10월쯤에 관찰할 수 있으며, 이외의 시기에는 대부분 애벌레의 모습만 볼 수 있어요.

- **크기:** 34~70mm
- **몸 색깔:** 옅은 갈색 바탕에 황색, 어두운 갈색 무늬
- **사는 곳:** 숲 가장자리나 농경지, 저수지 주변의 풀밭
- **주요 먹이:** 벼과 식물
- **몸놀림(비행 속도):** 중간
- **활동 시간:** 낮
- **멸종 위기 등급:** 낮음
- **관찰 시기(출현 시기):** 1월 2월 3월 **4월 5월 6월** 7월 8월 **9월 10월** 11월 12월
- **북한명:** 땅메뚜기
- **분포:** 남쪽(전라, 경상, 제주)

한살이 및 특징

성충으로 겨울을 난다. 겨울철에 먹지 않고도 장시간(수개월) 생존할 수 있다.

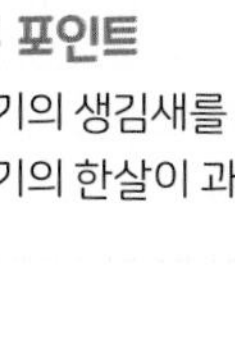

관찰 탐구 포인트

- 각시메뚜기의 생김새를 관찰해 볼까?
- 각시메뚜기의 한살이 과정을 탐구해 볼까?

방아깨비

학명: *Acrida cinerea* (Thunberg, 1815)
분류 체계: 메뚜기목, 메뚜기과, 방아깨비속

방아깨비는 손으로 뒷다리를 잡으면 마치 방아를 찧듯이 몸통을 위아래로 움직이기 때문에 붙은 이름이에요. 몸길이는 54~89밀리미터가량으로 암컷은 우리나라에서 볼 수 있는 메뚜기류 중에서 가장 몸집이 기다랗지요. 몸 색깔은 전체적으로 녹색을 띤 개체와 갈색을 띤 개체가 있으며, 몸 색깔의 변이가 심한 편이랍니다.

방아깨비는 생김새가 다른 메뚜기들과는 많이 달라요. 다른 메뚜기들의 머리가 둥근 형태를 띤 것에 비해 녀석은 끝이 뾰족해요. 하지만 방아깨비 역시 메뚜기과에 속한 곤충이에요. 우리나라 전국 곳곳에서 살아가며, 마릿수도 매우 많아서 사람들에게는 아주 친숙한 녀석이지요. 햇볕이 잘 드는 풀숲이나 농경지, 저수지 주변에서 먹이 활동 하는 모습을 쉽게 만날 수 있어요.

짝짓기 철이 되면 암컷은 땅속에 산란관을 꽂아 알을 낳아요. 알 상태로 겨울을 나고, 이듬해 봄이 되면 부화하기 시작해요. 알에서 깬 애벌레는 벼과 식물의 잎을 갉아 먹으며 성장하지요. 애벌레는 4~5회가량 허물을 벗은 뒤 7~10월쯤 성충이 된답니다.

- **크기:** 54~89mm
- **몸 색깔:** 녹색 또는 갈색
- **사는 곳:** 햇볕이 잘 드는 풀숲이나 농경지, 저수지 주변
- **주요 먹이:** 강아지풀 등의 벼과 식물
- **몸놀림(비행 속도):** 중간
- **활동 시간:** 낮
- **멸종 위기 등급:** 낮음
- **관찰 시기(출현 시기):** 1월 2월 3월 4월 5월 6월 **7월 8월 9월 10월** 11월 12월
- **분포:** 전국

한살이 및 특징

알 상태로 겨울을 난다. 애벌레는 4~5회가량 허물을 벗은 뒤 7~10월쯤 성충이 된다.

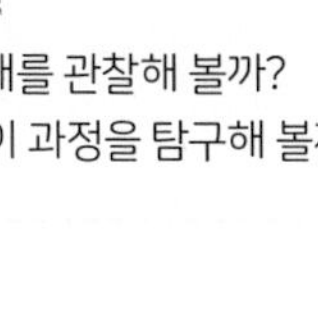

관찰 탐구 포인트

- 방아깨비의 생김새를 관찰해 볼까?
- 방아깨비의 한살이 과정을 탐구해 볼까?

베짱이

베짱이
줄베짱이
큰실베짱이
날베짱이

베짱이란?

베짱이는 메뚜기목 여치과(어리여치과 포함)에 속한 곤충의 무리 중 베짱이라는 이름을 가진 곤충을 말해요. 수컷이 내는 울음소리가 마치 베를 짜는 소리와 비슷하다고 해서 베짱이라는 이름이 붙었어요. 우리나라에서는 베짱이, 날베짱이, 실베짱이, 중베짱이, 베짱이붙이 등을 포함해 모두 15종가량 되지요.

여치라는 이름을 가진 녀석들이 주로 몸집이 통통한 반면, 베짱이 무리는 날씬한 종이 많아요. 몸 색깔은 대체로 녹색을 띠며, 여치보다 비행 실력이 좋은 편이지요. 턱이 잘 발달했고, 주로 작은 곤충을 잡아먹는 등 육식하는 종이 많으나 일부 종들은 초식하며 살아간답니다.

베짱이의 각 부위와 명칭

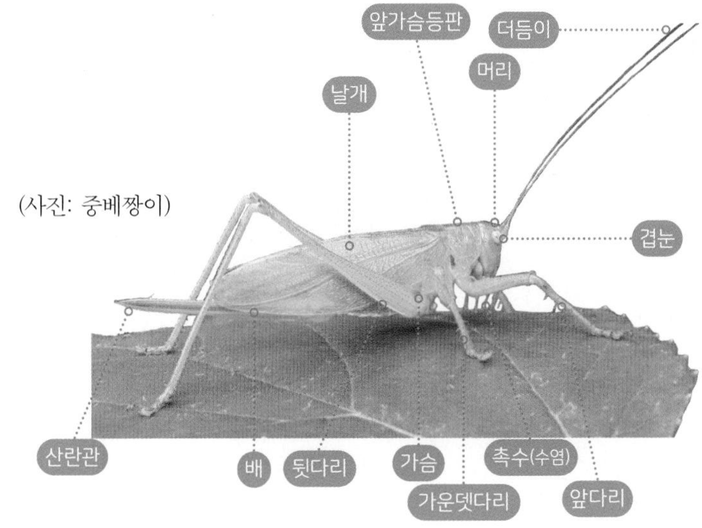

베짱이의 독특한 산란관

베짱이 암컷은 낫처럼 생긴 기다란 산란관이 있어요. 산란관 표면에는 톱날처럼 뾰족한 돌기들이 많이 나 있는데, 이는 식물의 줄기에 구멍을 쉽게 내도록 해 주어요. 표면이 매끄러운 칼보다는 톱을 이용해야 나무가 더 잘 베어지는 원리와 비슷한 거예요. 이외에도 돌기들은 암컷이 식물 줄기 속에 알을 낳을 때 산란관을 단단히 고정해 주는 역할을 한답니다.

베짱이의 성별(암컷과 수컷)

암컷과 수컷을 구분하기 위해서는 배 끝을 확인해야 해요. 산란관이 없는 수컷은 배 끝이 잘록하지만, 암컷은 창처럼 생긴 기다란 산란관이 달려 있기 때문이에요. 또 날개 밑에 있는 발음기를 통해서도 암수를 구분할 수 있어요. 수컷은 울음소리를 낼 수 있는 발음기가 달려 있으나 암컷은 없답니다.

베짱이는 어떻게 겨울을 날까?

이솝 우화에 나오는 베짱이는 여름 내내 노래를 부르며 노는 게으른 곤충으로 묘사되어 있어요. 이 이야기는 겨울이 되어 먹을 것이 없는 베짱이가 개미에게 도움을 요청하지만 결국 거절당한다는 내용이에요.

하지만 우화 속 이야기와 달리 베짱이는 게으른 곤충이 아니에요.

게다가 겨울을 나지도 않아요. 애벌레에서 성충이 된 수컷 베짱이는 수명이 2달 정도밖에 되지 않아요. 이 짧은 기간 동안 짝을 만나 2세를 남기려면 더욱더 우렁차게 노래를 불러야 한답니다.

베짱이의 한살이

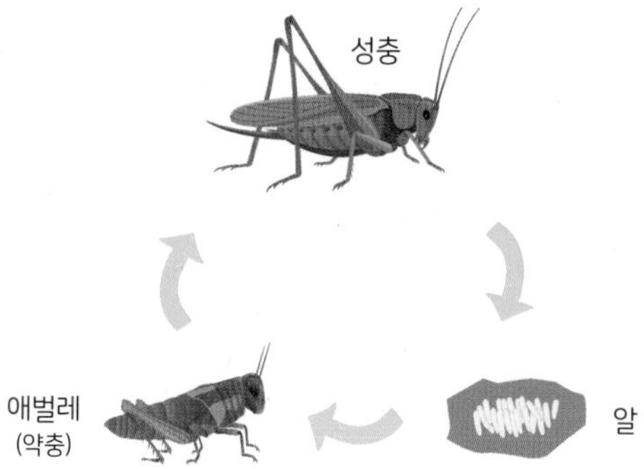

베짱이는 번데기 시기를 거치지 않고 알, 애벌레, 성충(어른벌레)으로 자라는 불완전 탈바꿈을 하는 곤충이에요. 짝짓기를 끝낸 암컷은 주로 식물의 잎이나 줄기, 땅속, 나무껍질 속에 기다란 산란관을 꽂아 알을 낳아요.

알 상태로 겨울을 나며, 이듬해 봄이 되면 부화하기 시작해요. 알에서 깬 애벌레는 주로 풀숲이나 나무 덤불 속에 살면서 여러 차례 허물을 벗고 성충이 된답니다.

베짱이

학명: *Hexacentrus japonicus* Karny, 1907
분류 체계: 메뚜기목, 여치과, 베짱이속

베짱이는 울음소리가 베를 짤 때 나는 베틀 소리와 비슷하다고 하여 붙은 이름이에요. 수컷이 앞날개를 이용해 울음소리를 내면 암컷이 듣고 찾아와 짝짓기를 하지요. 몸길이는 30~36밀리미터가량이며, 몸 색깔은 전체적으로 밝은 녹색을 띠고 있어요. 머리부터 앞가슴까지는 갈색을 띤 무늬가 나 있답니다.

베짱이는 우리나라 전국 곳곳에서 살아가요. 햇볕이 잘 드는 숲 가장자리의 풀숲이나 덤불에서 볼 수 있지요. 하지만 몸 색깔이 풀숲과 비슷한 보호색을 띠고 있어 눈에 잘 띄지는 않아요. 야행성 곤충이라 낮에는 풀숲이나 나무에서 쉬고 있다가 밤이 되면 활동을 시작해요. 날개가 잘 발달해 풀숲이나 덤불 사이를 날아다닐 수 있지요. 주로 몸집이 작은 곤충을 사냥하거나 죽은 동물의 몸을 먹고 살아간답니다.

짝짓기 철이 되면 암컷은 땅속이나 식물 줄기 속에 알을 낳아요. 배 끝에 달린 산란관이 칼처럼 생겨서 쉽게 구멍을 뚫을 수 있지요. 알 상태로 겨울을 나며, 성충은 8~10월쯤 나타나요.

- **크기:** 30~36mm
- **몸 색깔:** 녹색, 머리부터 앞가슴까지 갈색 줄무늬
- **사는 곳:** 햇볕이 잘 드는 숲 가장자리의 풀숲이나 덤불
- **주요 먹이:** 작은 곤충
- **몸놀림(비행 속도):** 중간
- **활동 시간:** 밤
- **멸종 위기 등급:** 낮음
- **관찰 시기(출현 시기):** 1월 2월 3월 4월 5월 6월 7월 **8월 9월 10월** 11월 12월
- **북한명:** 벳쟁이
- **분포:** 전국

한살이 및 특징

암컷은 땅속이나 식물 줄기 속에 알을 낳는다.
알 상태로 겨울을 나며, 성충은 8~10월쯤 나타난다.

관찰 탐구 포인트

- 베짱이의 생김새를 관찰해 볼까?
- 베짱이의 한살이 과정을 탐구해 볼까?

줄베짱이

학명: *Ducetia japonica* (Thunberg, 1815)
분류 체계: 메뚜기목, 여치과, 줄베짱이속

줄베짱이는 몸 한가운데에 줄무늬가 나 있어서 붙은 이름이에요. 줄무늬 색깔은 성별에 따라 달라서 수컷은 갈색, 암컷은 흰색을 띠고 있지요. 몸길이는 35~37밀리미터가량 되고, 몸 색깔은 주로 녹색을 띤 개체들이 많으나 갈색을 띤 개체들도 있답니다.

줄베짱이는 우리나라 전국 곳곳에서 살아가요. 주로 숲 가장자리의 산길이나 농경지 주변의 풀숲, 나무 덤불 등에서 발견되지요. 베짱이처럼 밤에 활동하며, 작은 곤충을 사냥하거나 죽은 동물의 몸을 먹고 살아가요.

짝짓기 철이 되면 수컷은 앞날개를 서로 비벼서 울음소리를 내요. 암컷을 꾀기 위해서지요. 암컷은 수컷의 울음소리를 듣고 찾아와 짝짓기해요. 짝짓기를 끝낸 암컷은 산란관을 나무에 꽂아 구멍을 뚫은 후 알을 낳아요. 알 상태로 겨울을 나며, 성충은 8~10월쯤 나타난답니다.

- **크기:** 35~37mm
- **몸 색깔:** 녹색, 갈색, 줄무늬(수컷은 갈색, 암컷은 흰색)
- **사는 곳:** 숲 가장자리의 산길, 농경지, 풀숲, 나무 덤불
- **주요 먹이:** 작은 곤충
- **몸놀림(비행 속도):** 중간
- **활동 시간:** 밤
- **멸종 위기 등급:** 낮음
- **관찰 시기(출현 시기):** 1월 2월 3월 4월 5월 6월 7월 **8월 9월 10월** 11월, 12월
- **북한명:** 등줄이슬여치(줄벳짱이)
- **분포:** 전국

한살이 및 특징

알 상태로 겨울을 나며, 성충은 8~10월쯤 나타난다.

관찰 탐구 포인트

- 줄베짱이의 생김새를 관찰해 볼까?
- 줄베짱이의 한살이 과정을 탐구해 볼까?
- 줄베짱이와 베짱이를 관찰하고 차이점을 비교해 볼까?

큰실베짱이

학명: *Elimaea (Elimaea) fallax* Bey-Bienko, 1951
분류 체계: 메뚜기목, 여치과, 큰실베짱이속

큰실베짱이는 몸길이가 34~50밀리미터가량으로 베짱이 무리 중에서는 몸집이 큰 편이에요. 몸 색깔은 전체적으로 녹색을 띠며, 몸 한가운데 갈색의 줄무늬가 나 있지요. 더듬이는 몸길이보다 훨씬 더 기다란데, 중간중간 하얀 무늬가 점처럼 나 있어요.

큰실베짱이는 우리나라 전국 곳곳에서 살아가요. 주로 숲 가장자리의 햇볕이 잘 드는 풀숲이나 나무 덤불에 앉아 있는 모습을 볼 수 있지요. 녀석들은 초식성이어서 주로 식물의 꽃이나 잎 등을 먹으며 살아간답니다.

짝짓기 철이 되면 수컷은 암컷을 꾀기 위해 앞날개를 비벼서 울음소리를 내요. 암컷은 수컷의 울음소리를 듣고 찾아와 짝짓기하지요. 짝짓기를 끝낸 암컷은 식물 줄기 속에 낫처럼 생긴 산란관을 꽂아 알을 낳아요. 알 상태로 겨울을 나며, 성충은 9~10월쯤 나타난답니다.

- **크기:** 34~50mm
- **몸 색깔:** 녹색 바탕에 갈색의 무늬
- **사는 곳:** 숲 가장자리의 햇볕이 잘 드는 풀숲, 덤불
- **주요 먹이:** 식물의 잎이나 꽃
- **몸놀림(비행 속도):** 중간
- **활동 시간:** 낮
- **멸종 위기 등급:** 낮음
- **관찰 시기(출현 시기):** 1월 2월 3월 4월 5월 6월 7월 8월 **9월 10월** 11월 12월
- **분포:** 전국

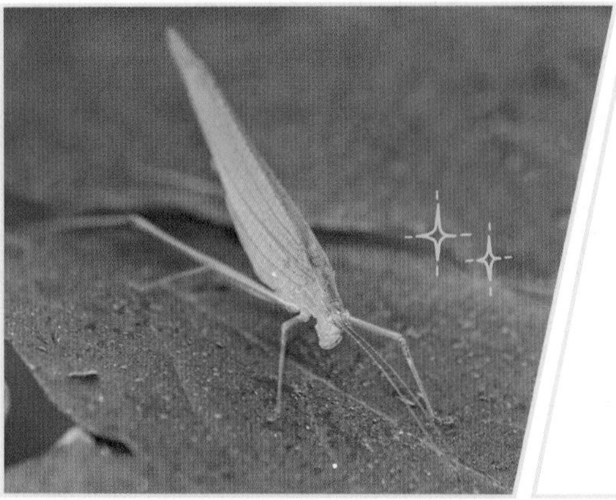

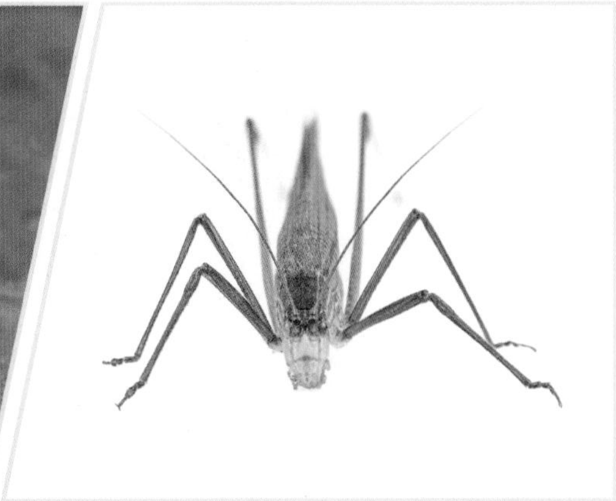

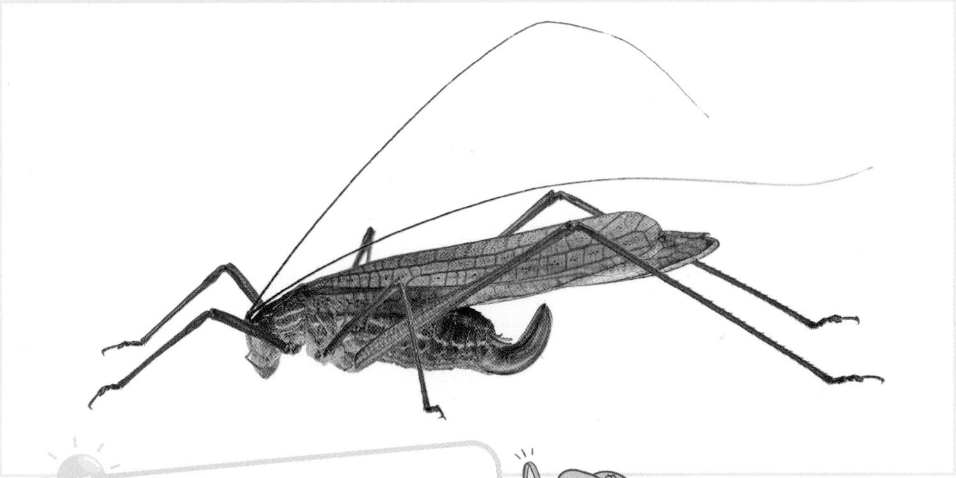

한살이 및 특징

암컷은 식물 줄기 속에 낫처럼 생긴 산란관을 꽂아 알을 낳는다. 알 상태로 겨울을 나며, 성충은 9~10월쯤 나타난다.

관찰 탐구 포인트

- 큰실베짱이의 생김새를 관찰해 볼까?
- 큰실베짱이의 한살이 과정을 탐구해 볼까?
- 큰실베짱이와 검은다리실베짱이를 관찰하고 차이점을 비교해 볼까?

날베짱이

학명: *Sinochlora longifissa* (Matsumura and Shiraki, 1908)
분류 체계: 메뚜기목, 여치과, 날베짱이속

날베짱이는 비행해서 멀리 날아갈 수 있다고 하여 붙은 이름이에요. 그렇지만 몸놀림이 그다지 예민한 편이 아니어서 주변의 움직임에도 곧바로 도망치지 않을 때가 많아요. 다리를 이용해 천천히 나무줄기 사이를 이동하는 편이지요. 그러다 정 못 견디겠다 싶을 때 점프해서 날아가요. 나뭇잎을 닮은 커다란 날개가 있어서 다른 베짱이들보다 더 멀리 날아갈 수 있답니다.

날베짱이는 우리나라 전국 곳곳에서 살아가요. 숲 가장자리의 풀숲이나 산길 주변의 덤불, 나무 위에서 주로 관찰되지요. 밤보다는 낮에 활동하며, 식물의 잎을 먹고 살아가요. 몸길이는 25~30밀리미터가량이고, 몸 색깔은 전체적으로 녹색을 띠고 있어요. 앞날개 앞부분에는 노란색 줄무늬가 나 있는데 특히 앞다리 넓적마디는 붉은색을 띠지요.

짝짓기 철이 되면 수컷은 암컷을 꾀기 위해 울음소리를 내요. 암컷은 수컷의 울음소리를 듣고 찾아와 짝짓기하지요. 짝짓기를 끝낸 암컷은 식물의 줄기에 알을 낳아요. 알 상태로 겨울을 나며, 성충은 9~10월쯤 나타난답니다.

- **크기:** 25~30mm
- **몸 색깔:** 녹색
- **사는 곳:** 숲 가장자리의 산길, 농경지, 풀숲, 나무 덤불
- **주요 먹이:** 식물의 잎
- **몸놀림(비행 속도):** 중간
- **활동 시간:** 낮
- **멸종 위기 등급:** 낮음
- **관찰 시기(출현 시기):** 1월 2월 3월 4월 5월 6월 7월 8월 **9월** **10월** 11월 12월
- **분포:** 전국

한살이 및 특징

암컷은 식물의 줄기에 알을 낳는다. 알 상태로 겨울을 나며, 성충은 9~10월쯤 나타난다.

관찰 탐구 포인트

- 날베짱이의 생김새를 관찰해 볼까?
- 날베짱이의 한살이 과정을 탐구해 볼까?
- 날베짱이와 줄베짱이를 관찰하고 차이점을 비교해 볼까?

여치

여치
잔날개여치
좀날개여치
갈색여치

여치란?

여치는 메뚜기목 여치과(어리여치과 포함)에 속한 곤충의 무리를 말해요. 여치과에는 여치 외에도 쌕쌔기, 베짱이 등도 함께 속해 있는데, 그중 여치라는 이름을 가진 종은 모두 17종이에요.

주로 베짱이 무리가 몸집이 늘씬한 반면, 여치 무리는 통통한 편이에요. 풀숲이나 덤불에서 살아가고 몸 색깔은 주로 녹색이나 황갈색을 띠지요. 대부분 더듬이가 길고 뒷다리가 잘 발달했으며 작은 곤충을 잡아먹고 살아가는 육식성 종이 많아요. 하지만 일부 종은 식물의 잎이나 줄기만 먹거나, 또는 육식과 초식을 모두 하는 잡식성도 있답니다.

여치의 각 부위와 명칭

(사진: 여치)

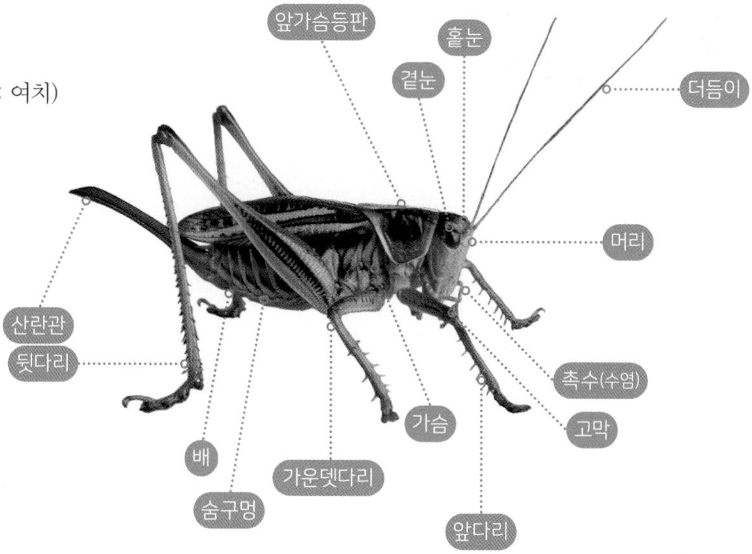

여치의 울음소리

여치 수컷은 소리를 낼 수 있는 발음기가 날개에 달려 있어요. 한쪽 날개에는 미세한 돌기들이 나 있고, 반대쪽 날개에는 마찰편이 있어서 양 날개를 서로 비비면 아름다운 소리가 나지요. 수컷은 이 소리를 통해 주변에 있는 암컷을 꾀어 짝짓기한답니다.

세계에서 가장 큰 여치

세계에서 가장 큰 여치는 중국에서 발견된 북경여치라는 종이에요. 우리나라에 서식하는 여치들의 몸길이가 최대 4센티미터를 넘지 않는데 비해 북경여치는 5~6센티미터가량 돼요. 주변에서 볼 수 있는 여치보다 몸집이 1.5배가량 더 큰 셈이지요. 몸집은 크지만, 날개가 퇴화하여 날개의 크기는 아주 작답니다.

여치의 암수 구별

여치는 배 끝을 확인하면 암컷과 수컷을 쉽게 구분할 수 있어요. 수컷의 배 끝에는 달린 것이 아무것도 없지만, 암컷은 창처럼 생긴 기다랗고 날카로운 산란관이 달려 있거든요. 또 날개 밑에 있는 발음기로도 암수를 구분할 수 있어요. 수컷은 울음소리를 낼 수 있는 발음기가 있지만 암컷은 없답니다.

여치의 한살이

여치는 번데기 시기를 거치지 않고 알, 애벌레, 성충(어른벌레)으로 자라는 불완전 탈바꿈을 하는 곤충이에요. 짝짓기를 끝낸 암컷은 산란관을 땅속에 꽂아 알을 낳는 경우가 많아요.

알 상태로 겨울을 나며, 이듬해 봄이나 여름쯤 부화하기 시작해요. 알에서 깬 애벌레는 땅속을 뚫고 나와 낙엽 주변이나 식물 위로 올라와서 작은 곤충을 사냥하거나 식물의 잎을 갉아 먹으며 자라지요. 보통 5회가량 허물을 벗은 후 성충이 된답니다.

여치

학명: *Gampsocleis sedakovii obscura* (Walker, 1869)
분류 체계: 메뚜기목, 여치과, 여치속

여치는 몸길이가 30~36밀리미터가량으로 몸집이 통통한 편이에요. 그래서 돼지여치라는 다른 이름으로 불리기도 하지요. 몸 색깔은 녹색을 띤 개체와 갈색을 띤 개체가 있어요. 이는 어린 시기 주변의 기온이나 습도 등의 영향을 서로 다르게 받고 자라서 나타난 현상이에요. 대부분 날개의 길이가 배 부위를 넘어가지 않지만, 때로는 더 기다란 녀석들도 있답니다.

여치는 우리나라 전국 곳곳에서 살아가요. 주로 숲 가장자리의 햇볕이 잘 드는 풀숲이나 나무 덤불 등에서 볼 수 있지요. 녀석은 날카로운 턱과 뾰족한 가시가 다리에 달려 있어서 자기보다 몸집이 작은 동물들을 사냥할 수 있어요. 하지만 몸놀림이 둔해서 재빨리 움직이는 동물보다는 움직임이 느린 동물을 사냥하는 것을 좋아해요. 워낙 포식성이 강하다 보니 먹이가 부족할 때는 동족끼리 서로를 잡아먹기도 한답니다.

짝짓기 철이 되면 암컷은 땅속에 낫처럼 생긴 산란관을 꽂아 기다란 밥알처럼 생긴 알을 낳아요. 알 상태로 겨울을 나며, 성충은 6~9월쯤 나타나요.

- **크기:** 30~36mm
- **몸 색깔:** 녹색형, 갈색형
- **사는 곳:** 숲 가장자리의 풀숲, 나무 덤불
- **주요 먹이:** 작은 동물
- **몸놀림(비행 속도):** 둔함
- **활동 시간:** 낮
- **멸종 위기 등급:** 낮음
- **관찰 시기(출현 시기):** 1월 2월 3월 4월 5월 **6월 7월 8월 9월** 10월 11월 12월
- **북한명:** 여치
- **분포:** 전국

한살이 및 특징

암컷은 땅속에 낫처럼 생긴 산란관을 꽂아 알을 낳는다. 알은 기다란 밥알처럼 생겼다. 알 상태로 겨울을 나며, 성충은 6~9월쯤 나타난다.

관찰 탐구 포인트

- 여치의 생김새를 관찰해 볼까?
- 여치의 한살이 과정을 탐구해 볼까?

잔날개여치

학명: *Chizuella bonneti* (Bolívar, 1890)
분류 체계: 메뚜기목, 여치과, 잔날개여치속

잔날개여치는 날개가 짧아서 붙은 이름이에요. 다 자란 성충도 마치 약충(불완전 탈바꿈을 하는 곤충의 애벌레)처럼 생겼는데, 특히 암컷은 수컷보다 날개가 더 짧아요. 몸길이는 22~32밀리미터가량이며, 몸 색깔은 전체적으로 어두운 갈색을 띠고 있지요.

잔날개여치는 우리나라 전국 곳곳에서 살아가요. 주로 숲 가장자리 산길이나, 저수지 주변의 습기가 많은 풀숲에서 볼 수 있지요. 잡식성이어서 식물의 잎이나 줄기를 먹는 것은 물론 작은 곤충도 잡아먹고 살아간답니다.

짝짓기 철이 되면 수컷은 앞날개를 비벼서 울음소리를 내요. 날개가 짧아서인지 소리는 그리 크지 않아요. 하지만 암컷은 멀리서도 수컷의 울음소리를 듣고 찾아와 짝짓기하지요. 짝짓기를 끝낸 암컷은 나무에 산란관을 꽂아 알을 낳아요. 알 상태로 겨울을 나며, 성충은 6~9월쯤 나타난답니다.

- **크기:** 22~32mm
- **몸 색깔:** 어두운 갈색
- **사는 곳:** 숲 가장자리 산길, 저수지 주변의 풀숲
- **주요 먹이:** 식물의 잎이나 줄기, 작은 곤충
- **몸놀림(비행 속도):** 중간
- **활동 시간:** 낮
- **멸종 위기 등급:** 낮음
- **관찰 시기(출현 시기):** 1월 2월 3월 4월 5월 **6월 7월 8월 9월** 10월 11월 12월
- **북한명:** 작은날개애기여치
- **분포:** 전국

한살이 및 특징

암컷은 나무에 산란관을 꽂아 알을 낳는다. 알 상태로 겨울을 나며, 성충은 6~9월쯤 나타난다.

관찰 탐구 포인트

- 잔날개여치의 생김새를 관찰해 볼까?
- 잔날개여치의 한살이 과정을 탐구해 볼까?
- 잔날개여치와 여치를 관찰하고 차이점을 비교해 볼까?

좀날개여치

학명: *Atlanticus (Atlanticus) brunneri* (Pylnov, 1914)
분류 체계: 메뚜기목, 여치과, 좀날개여치속

좀날개여치는 여치 무리 가운데 날개가 유난히 짧아서 붙은 이름이에요. 특히 암컷은 날개가 거의 보이지 않으며, 수컷은 울음을 내는 데 필요한 아주 짧은 날개만 있지요. 몸길이는 25~30밀리미터가량이며, 몸 색깔은 전체적으로 어두운 갈색을 띤답니다.

좀날개여치는 대체로 우리나라 중부 지방에서 살아가기 때문에 남부 지방에서는 만나기가 어려워요. 녀석들은 주로 숲 가장자리의 풀숲이나 덤불 등에서 살아가지요. 수컷과 암컷 모두 날개가 퇴화해서 비행하지는 못해요. 그 대신 튼튼한 뒷다리로 풀숲 바닥을 점프하고 다닌답니다.

짝짓기 철이 되면 수컷은 짧은 날개를 이용해 울음소리를 내요. 소리가 작아서 사람이 듣기는 어렵지만 암컷은 멀리서도 수컷의 울음소리를 들을 수 있지요. 짝짓기를 끝낸 암컷은 산란관을 땅속에 꽂아 밥알처럼 생긴 알을 낳아요. 알 상태로 겨울을 나며, 성충은 7~9월쯤 나타나요.

- **크기:** 25~30mm
- **몸 색깔:** 어두운 갈색
- **사는 곳:** 숲 가장자리의 풀숲이나 덤불
- **주요 먹이:** 작은 동물의 사체
- **몸놀림(비행 속도):** 중간
- **활동 시간:** 낮
- **멸종 위기 등급:** 낮음
- **관찰 시기(출현 시기):** 1월 2월 3월 4월 5월 6월 **7월 8월 9월** 10월 11월 12월
- **북한명:** 갈색긴허리여치
- **분포:** 중부 지방

한살이 및 특징

암컷은 산란관을 땅속에 꽂아 밥알처럼 생긴 알을 낳는다. 알 상태로 겨울을 나며, 성충은 7~9월쯤 나타난다.

관찰 탐구 포인트

- 좀날개여치의 생김새를 관찰해 볼까?
- 좀날개여치의 한살이 과정을 탐구해 볼까?
- 좀날개여치와 잔날개여치를 관찰하고 차이점을 비교해 볼까?

갈색여치

학명: *Paratlanticus ussuriensis* (Uvarov, 1926)
분류 체계: 메뚜기목, 여치과, 갈색여치속

갈색여치는 몸 색깔이 전체적으로 어두운 갈색이나 검은빛을 띤 갈색이어서 붙은 이름이에요. 하지만 갈색여치 말고도 몸 색깔이 갈색인 여치가 많아서 그다지 특색 있는 이름은 아닌 것 같아요. 몸길이는 24~27밀리미터가량으로 날개가 퇴화해 매우 작답니다.

갈색여치는 우리나라 전국 곳곳에서 살아가요. 주로 숲 가장자리의 산길이나 주변의 풀숲, 덤불에서 볼 수 있지요. 녀석들은 종종 대량으로 발생해 과수 농가에 큰 피해를 주기도 해요. 그래서 사람들에게는 해충으로 여겨지기도 하지요. 날개가 짧아 비행을 못 하는 녀석들이 점프만으로 과수 농가까지 찾아오는 것을 보면 그만큼 생명력이 강하다는 뜻이겠지요?

짝짓기 철이 되면 수컷은 암컷을 꾀기 위해 앞날개를 비벼서 울음소리를 내요. 짝짓기를 끝낸 암컷은 기다란 산란관을 땅속에 꽂아 알을 낳지요. 알 상태로 겨울을 나며, 성충은 8~10월쯤 나타난답니다.

- **크기:** 24~27mm
- **몸 색깔:** 어두운 갈색
- **사는 곳:** 숲 가장자리의 풀숲이나 덤불
- **주요 먹이:** 식물의 잎이나 줄기, 죽은 동물의 몸
- **몸놀림(비행 속도):** 중간
- **활동 시간:** 밤
- **멸종 위기 등급:** 낮음
- **관찰 시기(출현 시기):** 1월 2월 3월 4월 5월 6월 7월 **8월 9월 10월** 11월 12월
- **분포:** 전국

한살이 및 특징

암컷은 기다란 산란관을 땅속에 꽂아 알을 낳는다. 알 상태로 겨울을 나며, 성충은 8~10월쯤 나타난다.

관찰 탐구 포인트

- 갈색여치의 생김새를 관찰해 볼까?
- 갈색여치의 한살이 과정을 탐구해 볼까?
- 갈색여치와 좀날개여치를 관찰하고 차이점을 비교해 볼까?

귀뚜라미

왕귀뚜라미
쌍별귀뚜라미
청솔귀뚜라미

귀뚜라미란?

귀뚜라미는 메뚜기목, 귀뚜라미과, 털귀뚜라미과, 개미집귀뚜라미과에 속한 곤충의 무리를 말해요. 우리나라에는 왕귀뚜라미, 알락귀뚜라미, 먹귀뚜라미 등 44종가량의 귀뚜라미가 살고 있어요. 귀뚜라미 외에 방울벌레, 긴꼬리, 풀종다리 등도 귀뚜라미과에 속한 곤충들이에요. 이름만 다를 뿐 생김새나 습성은 비슷한 면이 많답니다.

귀뚜라미는 보통 몸 색깔이 흑갈색을 띠었어요. 둥글게 생긴 머리는 광택이 나는 경우가 많지요. 주로 땅 위에서 살아가기 때문에 배는 편평한 모습이에요. 수컷은 날개를 비벼 아름다운 울음소리를 낼 수 있으며, 집 주변이나 풀숲 등에서 살아가지요.

귀뚜라미의 각 부위와 명칭

(사진: 왕귀뚜라미)

귀뚜라미 소리의 비밀

귀뚜라미는 아름다운 울음소리를 내는 곤충으로 유명해요. 울음소리가 사람들의 마음을 편안하게 해 준다고 하여 '정서 곤충'으로도 관심받고 있지요.

귀뚜라미는 어떻게 소리를 내는 걸까요? 귀뚜라미의 오른쪽 날개 아랫면에는 울퉁불퉁한 날개맥이, 왼쪽 날개 윗면에는 단단한 작은 돌기들이 많이 나 있어요. 두 날개를 서로 비비면 마치 바이올린을 켜는 것처럼 아름다운 소리가 나게 되지요. 울음소리는 상황에 따라 달라지는데 짝짓기할 때는 부드럽고 아름다운 소리를 내고, 위협을 느꼈을 때는 그 소리가 훨씬 더 커진답니다.

식용 곤충으로서의 귀뚜라미

귀뚜라미는 미래의 식량 자원으로 각광받는 곤충이에요. 몸집의 크기에 비해 단백질 등의 영양소 함량이 높기 때문이에요. 특히 쌍별귀뚜라미는 식약처에서 식용이 가능한 식품 원료로 인정했을 만큼 기대가 높은 곤충이랍니다.

귀뚜라미의 성별(암컷과 수컷)

귀뚜라미는 주의 깊게 보지 않으면 암컷과 수컷이 모두 비슷하게 생긴 것처럼 보여요. 하지만 배 끝을 자세히 보면 생김새가 서로 다르다는 것을 알 수 있지요. 수컷은 2개의 꼬리털만 나 있지만, 암컷은 2

개의 꼬리털 말고도 바늘처럼 생긴 산란관이 1개 더 있어요. 이외에도 수컷의 날개 표면은 울퉁불퉁한 데 비해 암컷은 그 정도가 덜한 편이랍니다.

귀뚜라미의 한살이

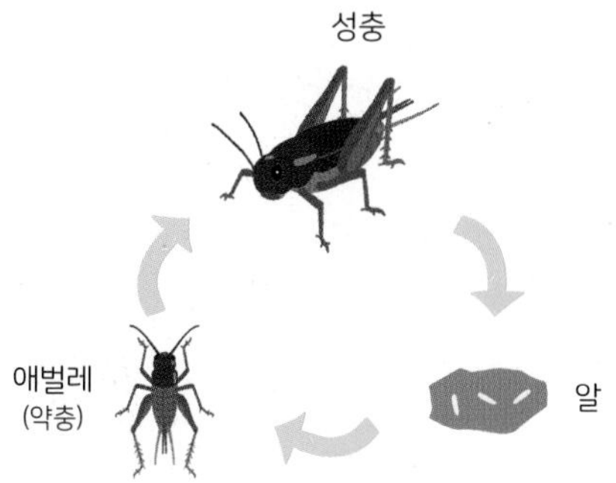

귀뚜라미는 번데기 시기를 거치지 않고 알, 애벌레, 성충(어른벌레)으로 자라는 불완전 탈바꿈을 하는 곤충이에요. 짝짓기를 끝낸 암컷은 기다란 산란관을 땅속에 꽂아 길쭉한 쌀 모양의 알을 낳아요.

알 상태로 겨울을 나며, 150일가량 지나면 부화하기 시작해요. 봄에 갓 부화한 애벌레는 7회가량 허물을 벗으며 자라서 마침내 성충이 된답니다.

왕귀뚜라미

학명: *Teleogryllus (Brachyteleogryllus) emma* (Ohmachi and Matsuura, 1951)
분류 체계: 메뚜기목, 귀뚜라미과, 왕귀뚜라미속

왕귀뚜라미는 다른 귀뚜라미에 비해 몸집이 커서 붙은 이름이에요. 실제로 녀석은 몸길이가 20~40밀리미터가량으로 우리나라에 서식하는 귀뚜라미 무리 중에서 가장 몸집이 커요. 몸 색깔은 전체적으로 광택이 나는 흑갈색을 띠고 있으며, 배 끝에는 2개의 꼬리털이 나 있어요. 녀석들은 꼬리털을 이용해 주변의 움직임을 포착할 수 있답니다.

왕귀뚜라미는 우리나라 전국 곳곳에서 살아가요. 숲 가장자리의 산길이나 농경지 주변, 공원 등의 풀숲에서 흔히 볼 수 있지요. 녀석들은 밤에 활동하며 살아가는 야행성 곤충이에요. 먹성이 매우 좋아서 풀숲에서 자라는 식물, 바닥에 죽어 있는 동물까지 무엇이든 먹는답니다.

짝짓기 철이 되면 수컷은 앞날개를 비벼서 울음소리를 내요. 짝짓기를 위해 암컷을 꾀거나, 수컷끼리 자신의 영역을 침범하지 못하도록 내는 소리지요. 울음소리가 아름다워 최근에는 반려 곤충으로 주목받고 있기도 해요. 짝짓기를 끝낸 암컷은 습기가 많은 땅속에 바늘처럼 생긴 산란관을 꽂아 알을 낳아요. 알 상태로 겨울을 나며, 땅속에서 6~7개월가량 지나면 애벌레로 부화해요. 알에서 갠 애벌레는 7회가량 허물을 벗으며 자라서 8~11월쯤에 성충이 된답니다.

- **크기:** 20~40mm
- **몸 색깔:** 광택이 나는 흑갈색
- **사는 곳:** 숲 가장자리의 산길, 농경지 주변, 공원 등의 풀숲
- **주요 먹이:** 여러 종류의 식물, 작은 곤충이나 동물
- **몸놀림(비행 속도):** 빠름
- **활동 시간:** 밤
- **멸종 위기 등급:** 낮음
- **관찰 시기(출현 시기):** 1월 2월 3월 4월 5월 6월 7월 **8월 9월 10월 11월** 12월
- **분포:** 전국

한살이 및 특징

암컷은 습기가 많은 땅속에 바늘처럼 생긴 산란관을 꽂아 알을 낳는다. 알 상태로 겨울을 나며, 성충은 8~11월쯤에 나타난다.

관찰 탐구 포인트

- 왕귀뚜라미의 생김새를 관찰해 볼까?
- 왕귀뚜라미의 한살이 과정을 탐구해 볼까?

쌍별귀뚜라미

학명: *Gryllus (Gryllus) bimaculatus* de Geer, 1773
분류 체계: 메뚜기목, 귀뚜라미과, 쌍별귀뚜라미속

쌍별귀뚜라미는 앞날개에 노란색 점무늬가 한 쌍 나 있어서 붙은 이름이에요. 몸길이는 24~29밀리미터가량이며, 몸 색깔은 전체적으로 광택이 있는 검은색을 띠지요. 녀석들은 오래전부터 우리나라에서 살아온 토착 귀뚜라미가 아니에요. 태국이나 인도네시아 등의 아열대 기후 지역에서 들여온 외래종이랍니다.

짝짓기 철이 되면 암컷은 바늘처럼 곧고 기다란 산란관을 땅속에 꽂아 알을 낳아요. 알 개수는 보통 100~300여 개 되지요. 번식력이 매우 뛰어나서 1년에 최대 10회가량 부화할 수 있고, 성장 속도도 빨라요. 그래서 거미나 파충류, 개구리 같은 반려동물의 먹이로 활발하게 사용하고 있어요. 최근에는 사람들을 위한 미래의 식량 자원으로 큰 주목을 받고 있답니다.

현재 쌍별귀뚜라미는 대부분 실내에서 사육하고 있는데, 야생에서는 추운 겨울을 견디지 못하고 죽는다고 해요. 하지만 기후 변화 등으로 인해 한반도의 평균 기온이 점점 오르고 있어 앞으로는 우리나라의 야생에서도 살아갈 가능성이 높아요.

- **크기:** 24~29mm
- **몸 색깔:** 광택이 나는 검은색
- **사는 곳:** 실내 사육종
- **주요 먹이:** 여러 종류의 식물, 작은 곤충이나 동물
- **몸놀림(비행 속도):** 빠름
- **활동 시간:** 밤
- **멸종 위기 등급:** 낮음
- **관찰 시기(출현 시기):** 1월 2월 3월 4월 5월 6월 7월 8월 9월 10월 11월 12월
- **분포:** 인공 사육

한살이 및 특징

암컷은 바늘처럼 곧고 기다란 산란관을 땅속에 꽂아 알을 낳는다. 번식력이 매우 뛰어나서 1년에 최대 10회가량 부화가 가능하다.

관찰 탐구 포인트

- 쌍별귀뚜라미의 생김새를 관찰해 볼까?
- 쌍별귀뚜라미의 한살이 과정을 탐구해 볼까?

청솔귀뚜라미

학명: *Truljalia hibinonis hibinonis* Matsumura, 1917
분류 체계: 메뚜기목, 귀뚜라미과, 청솔귀뚜라미속

청솔귀뚜라미는 다른 귀뚜라미들과 달리 몸 색깔이 녹색을 띠어 붙은 이름이에요. 사는 곳도 땅바닥에서 살아가는 귀뚜라미 무리와 달리 주로 나무 위에서 살아가지요. 몸길이는 20~25밀리미터가량으로 수컷은 등에 갈색의 무늬가 나 있답니다.

청솔귀뚜라미는 주로 전라도, 경상도 일대에서 살았어요. 하지만 지금은 한반도의 평균 기온 상승으로 서울, 경기, 충청 일대까지 전국적으로 발견되고 있어요. 녀석들은 주로 가로등이 있는 공원이나 농경지 주변에서 식물의 잎과 줄기, 진딧물 등을 먹고 살아가요.

짝짓기 철이 되면 수컷은 날개를 곧추세우고 양 날개를 붙였다 떼었다 하면서 소리를 내는데, 그 소리가 무척 아름다워요. 짝짓기를 끝낸 암컷은 기다란 산란관을 식물의 줄기 속에 꽂아 알을 낳지요. 알 상태로 겨울을 난 후 이듬해 5~7월쯤에 성충으로 나타난답니다.

- **크기:** 20~25mm
- **몸 색깔:** 녹색
- **사는 곳:** 공원, 농경지 주변의 나무
- **주요 먹이:** 여러 종류의 식물
- **몸놀림(비행 속도):** 중간
- **활동 시간:** 밤
- **멸종 위기 등급:** 낮음
- **관찰 시기(출현 시기):** 1월 2월 3월 4월 **5월 6월 7월** 8월 9월 10월 11월 12월
- **분포:** 전국

한살이 및 특징

암컷은 기다란 산란관을 식물의 줄기 속에 꽂아 알을 낳는다. 알 상태로 겨울을 난 후 이듬해 5~7월쯤 성충이 된다.

관찰 탐구 포인트

- 청솔귀뚜라미의 생김새를 관찰해 볼까?
- 청솔귀뚜라미의 한살이 과정을 탐구해 볼까?
- 청솔귀뚜라미와 왕귀뚜라미를 관찰하고 차이점을 비교해 볼까?

잠자리

고추잠자리
고추좀잠자리
깃동잠자리
방울실잠자리
밀잠자리
물잠자리
왕잠자리
꼬마잠자리

잠자리란?

잠자리는 잠자리목에 속한 곤충의 무리를 말해요. 전 세계적으로 5,700여 종, 우리나라에는 고추잠자리, 대모잠자리, 꼬마잠자리 등을 포함해 133종이 살고 있지요.

몸집의 크기는 다양한 편이나 머리가 작고 가슴이 짧으며 배가 기다랗다는 공통점이 있어요. 2개의 겹눈과 3개의 홑눈이 있는데, 특히 겹눈은 1만 개 이상의 낱눈으로 이루어져 있지요. 2쌍의 날개를 이용해 자유자재로 비행할 수 있으며, 크고 강한 턱으로 다른 곤충들을 잡아먹으며 살아간답니다.

잠자리의 각 부위와 명칭

(사진: 고추좀잠자리)

최초의 잠자리

최초의 잠자리는 지금으로부터 약 3억 2000만 년~4억 년전인 고생대 석탄기에 출현했어요. 이는 19세기 후반, 프랑스 코망트리 지역에서 '메가네우라'라는 원시 잠자리의 화석이 발견되면서 확인한 사실이에요.

원시 잠자리들은 날개 길이가 1미터가 넘을 만큼 몸집이 컸어요. 당시에는 공기 중 산소의 비율이 지금보다 훨씬 높았는데, 메가네우라는 풍부한 산소를 바탕으로 몸집이 커졌다고 해요.

비행 재주꾼, 잠자리

잠자리는 비행 실력이 매우 뛰어난 곤충이에요. 정지 비행은 물론 급강하, 급정지, 급가속, 빠른 방향 전환 등 비행기나 헬리콥터가 하기 힘든 고난도의 비행도 손쉽게 해낸답니다. 실잠자리류는 새들도 하기 어려운 후진 비행도 할 수 있다고 해요. 사실상 거의 모든 형태의 비행이 가능한 셈이지요.

잠자리의 고난도 비행 실력의 비결은 바로 날개에 있어요. 잠자리 날개는 투명한 듯 보이지만 사실은 날개맥으로 치밀하게 연결되어 있어요. 사람의 몸처럼 신경으로 이어져 있고, 혈액도 공급되지요. 잠자리 날개는 가슴의 날개 근육과 붙어 있어서 각각의 근육을 통해 날개를 따로 움직일 수 있어요. 각 날갯짓의 횟수와 방향 등을 조절하면서 다양한 형태의 비행을 할 수가 있답니다.

잠자리의 성별(암컷과 수컷)

잠자리의 성별을 구분하는 것은 쉬운 일이 아니에요. 겉으로 보이는 생김새만 가지고는 암컷인지 수컷인지 정확히 알 수 없기 때문이에요. 확실히 알기 위해서는 가슴 밑 배 부위의 교미기를 살펴봐야 해요. 수컷은 이 부위가 대부분 돌출되어 있지만, 암컷은 그렇지 않답니다.

잠자리의 한살이

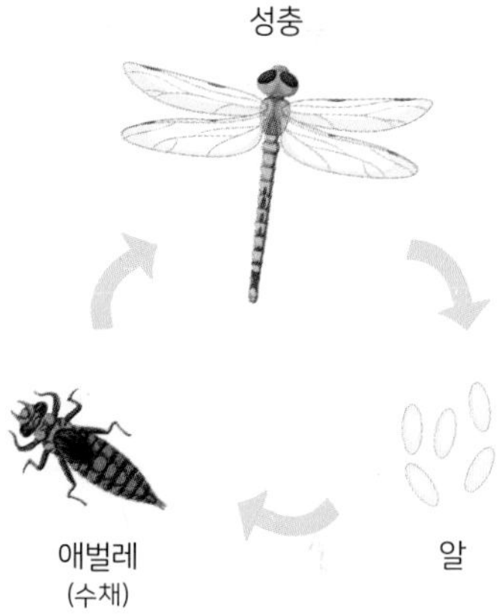

잠자리는 번데기 시기를 거치지 않고 알, 애벌레, 성충(어른벌레)으로 자라는 불완전 탈바꿈을 하는 곤충이에요. 짝짓기를 끝낸 암컷 잠자리는 주로 습지 주변의 수생 식물이나 진흙 등에 알을 낳아요. 알을 낳는 방법은 식물의 줄기나 잎에 낳는 경우와 공중에서 비행하면서 알을 낳는 경우로 나눌 수 있어요.

2주 정도 지나면 부화해서 애벌레가 되는데, 이 애벌레를 수채 또는 학배기라고 불러요. 수채는 물속에서 꼬리 아가미로 호흡하며, 물속에 사는 작은 동물을 잡아먹고 살아가요. 보통 1년가량을 물속에서 살면서 10번 이상 허물을 벗으며 성장하지요. 종령 단계의 수채는 물 밖으로 나와서 몸을 한곳에 고정한 후 껍질을 뚫고 나와 성충이 된답니다.

고추잠자리

학명: *Crocothemis servilia mariannae* Kiauta, 1898
분류 체계: 잠자리목, 잠자리과, 고추잠자리속

고추잠자리는 몸 색깔이 잘 익은 고추처럼 붉은색을 띠어서 붙은 이름이에요. 하지만 모든 녀석이 붉은색을 띤 것은 아니에요. 미성숙한 녀석들은 몸 색깔이 진한 황색을 띠지요. 수컷은 짝짓기를 할 수 있을 만큼 다 자라야 붉은색이 돼요. 암컷은 다 자라면 밝은 황색을 띤답니다.

고추잠자리는 우리나라 전국 곳곳에서 살아가요. 특히 중남부 지방에서 주로 볼 수 있지요. 마릿수가 많은 편이지만 서울시에서는 보호야생동식물로 지정하여 채집을 금지하고 있어요. 주로 들판이나 연못, 늪, 저수지 주변에서 작은 곤충을 잡아먹고 살아간답니다.

짝짓기 철이 되면 암컷은 배 끝으로 물 표면을 치면서 알을 낳아요. 특히 알을 한 번 낳은 후에도 여러 수컷과 짝짓기 하면서 알을 계속해서 낳지요. 알에서 깬 애벌레(수채)는 10개월쯤 물속에서 지내며, 이듬해 5~9월쯤 성충이 돼요.

- **크기:** 배 길이 27~32mm
- **몸 색깔:** 수컷은 붉은색, 암컷은 밝은 황색
- **사는 곳:** 들판이나 연못, 늪, 저수지 주변
- **주요 먹이:** 작은 곤충이나 거미 등
- **몸놀림(비행 속도):** 빠름
- **활동 시간:** 낮
- **멸종 위기 등급:** 낮음
- **관찰 시기(출현 시기):** 1월 2월 3월 4월 **5월 6월 7월 8월 9월** 10월 11월 12월
- **북한명:** 초파리잠자리
- **분포:** 전국

한살이 및 특징

암컷은 배 끝으로 물 표면을 치면서 알을 낳는다. 알에서 깬 애벌레(수채)는 10개월쯤 물속에서 지내며, 성충은 5~9월쯤 나타난다.

관찰 탐구 포인트

- 고추잠자리의 생김새를 관찰해 볼까?
- 고추잠자리 미성숙 개체의 생김새를 관찰해 볼까?

고추좀잠자리

학명: *Sympetrum frequens* (Selys, 1883)
분류 체계: 잠자리목, 잠자리과, 좀잠자리속

고추좀잠자리는 자신과 비슷하게 생긴 고추잠자리보다 몸집이 더 작아서 붙은 이름이에요. 실제로 배 길이가 20~30밀리미터가량으로 고추잠자리보다 조금 더 작은 편이에요. 미성숙 개체들은 몸 색깔이 황색을 띠었으며, 가슴 옆면에 검은색 줄무늬가 3개 나 있어요. 다 자라면 암컷은 몸 색깔이 황갈색을 띠고 수컷은 머리와 가슴은 황갈색, 배는 붉은색을 띠지요.

고추좀잠자리는 우리나라 전국 곳곳에서 살아가요. 특히 잠자리 무리 중 개체 수가 가장 많은 잠자리로 알려져 있어요. 고추잠자리와 혼동하는 사람들이 많은데 고추잠자리 수컷의 몸 대부분이 붉은색을 띠는 것에 비해 고추좀잠자리는 배 부위만 붉은색을 띠어 쉽게 구분할 수 있어요. 주로 산지, 연못, 저수지, 들판 등을 날아다니며 작은 곤충을 잡아먹고 살아간답니다.

짝짓기 철이 되면 암컷은 연못이나 웅덩이 등에 알을 낳아요. 알 상태로 겨울을 나며, 6~11월에 걸쳐 성충으로 나타나지요. 초여름 무렵 우화한 성충은 산으로 올라가 생활하다가 가을이 되면 평지로 내려와 짝짓기하고 알을 낳는답니다.

- **크기:** 배 길이 20~30mm
- **몸 색깔:** 수컷은 머리와 가슴은 황갈색, 배는 붉은색, 암컷은 황갈색
- **사는 곳:** 산지, 연못, 저수지, 들판
- **주요 먹이:** 작은 곤충
- **몸놀림(비행 속도):** 빠름
- **활동 시간:** 낮
- **멸종 위기 등급:** 낮음
- **관찰 시기(출현 시기):** 1월 2월 3월 4월 5월 **6월 7월 8월 9월 10월 11월** 12월
- **북한명:** 고추잠자리
- **분포:** 전국

한살이 및 특징

암컷은 연못이나 웅덩이 등에 알을 낳는다. 알 상태로 겨울을 나며, 6~11월쯤 성충이 된다.

관찰 탐구 포인트

- 고추좀잠자리의 생김새를 관찰해 볼까?
- 고추좀잠자리와 고추잠자리를 관찰하고 차이점을 비교해 볼까?

깃동잠자리

학명: *Sympetrum infuscatum* (Selys, 1883)
분류 체계: 잠자리목, 잠자리과, 좀잠자리속

깃동잠자리는 날개 끝에 깃동 모양의 갈색 무늬가 나 있어서 붙은 이름이에요. 배 길이는 24~30밀리미터가량이며, 몸 색깔은 다 자란 수컷이 적갈색, 암컷이 주황색을 띠어요.

깃동잠자리는 우리나라 전국 곳곳에서 살아가요. 주로 연못이나 저수지 등의 습지 주변에서 볼 수 있지요. 주변의 움직임에 둔한 편이어서 쉽게 채집되는 잠자리 중 하나예요. 특히 위협을 느껴 날아올랐다가도 다시 원래 위치로 되돌아와 앉는다는 특징이 있어요.

짝짓기 철이 되면 수컷과 암컷은 서로 몸을 연결해 습지 위를 비행하면서 물속에 알을 낳아요. 알 상태로 겨울을 나며, 성충은 6~10월쯤에 나타나지요. 초여름 무렵 우화한 성충은 산으로 올라가 생활하다가 가을이 되면 평지로 내려와 짝짓기하고 알을 낳는답니다.

- **크기:** 배 길이 24~30mm
- **몸 색깔:** 수컷은 적갈색, 암컷은 주황색
- **사는 곳:** 연못이나 저수지 등의 습지 주변
- **주요 먹이:** 작은 곤충
- **몸놀림(비행 속도):** 느림
- **활동 시간:** 낮
- **멸종 위기 등급:** 낮음
- **관찰 시기(출현 시기):** 1월 2월 3월 4월 5월 **6월 7월 8월 9월 10월** 11월 12월
- **북한명:** 갈색이마고추잠자리
- **분포:** 전국

한살이 및 특징

수컷과 암컷은 서로 몸을 연결해 습지 위를 비행하면서 알을 낳는다. 알 상태로 겨울을 나며, 성충은 6~10월쯤에 나타난다.

관찰 탐구 포인트

- 깃동잠자리의 생김새를 관찰해 볼까?
- 깃동잠자리의 애벌레를 관찰해 볼까?

방울실잠자리

학명: *Platycnemis phyllopoda* Djakonov, 1926
분류 체계: 잠자리목, 방울실잠자리과, 방울실잠자리속

방울실잠자리는 다리에 흰색의 방울 모양으로 된 마디가 있어서 붙은 이름이에요. 하지만 방울 모양의 다리는 수컷에게만 있고 암컷은 없어요. 수컷들은 방울 모양의 다리로 자신의 힘을 과시하며 싸우거나, 암컷을 차지하기 위한 구애 행동을 하는 데 사용해요.

방울실잠자리는 우리나라 전국 곳곳에서 살아가요. 주로 연못이나 웅덩이, 저수지 등의 습지 주변에서 볼 수 있지요. 배 길이는 27~32밀리미터가량이며, 미성숙한 수컷의 몸 색깔은 어두운 갈색이었다가 점차 시간이 지나면서 청록색을 띠어요. 암컷은 몸 색깔이 옅은 녹색 바탕에 갈색 무늬가 나 있답니다.

짝짓기 철이 되면 암컷은 연못 위에 떠 있는 수생 식물의 잎이나 줄기에 알을 낳아요. 부화한 애벌레는 연못이나 웅덩이, 저수지 등의 물속에서 겨울을 나며, 5~10월쯤 성충이 되지요.

- **크기:** 배 길이 27~32mm
- **몸 색깔:** 수컷은 청록색, 암컷은 옅은 녹색 바탕에 갈색 무늬
- **사는 곳:** 연못이나 웅덩이, 저수지 등의 습지 주변
- **주요 먹이:** 작은 곤충
- **몸놀림(비행 속도):** 중간
- **활동 시간:** 낮
- **멸종 위기 등급:** 낮음
- **관찰 시기(출현 시기):** 1월 2월 3월 4월 **5월 6월 7월 8월 9월 10월** 11월 12월
- **북한명:** 마당잠자리
- **분포:** 전국

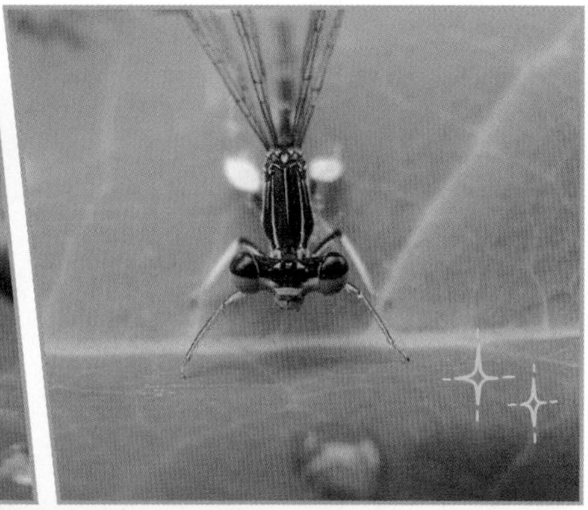

한살이 및 특징

암컷은 연못 위에 떠 있는 수생 식물의 잎이나 줄기에 알을 낳는다. 물속에서 애벌레로 겨울을 나며, 5~10월쯤 성충이 된다.

관찰 탐구 포인트

- 방울실잠자리의 생김새를 관찰해 볼까?
- 방울실잠자리 수컷의 방울 모양 다리를 관찰해 볼까?

밀잠자리

학명: *Orthetrum albistylum* (Selys, 1848)
분류 체계: 잠자리목, 잠자리과, 밀잠자리속

밀잠자리는 다 자란 수컷의 배 일부가 밀가루가 뿌려진 것처럼 흰색을 띠어 붙은 이름이에요. 북한에서는 흰잠자리라는 이름으로 부르기도 하지요. 배 길이는 35~40밀리미터가량이며 성숙한 수컷의 몸 색깔은 잿빛이 도는 푸른색, 암컷은 황색을 띠고 있어요.

밀잠자리는 우리나라 전국 곳곳에서 살아가요. 수생 식물이 많은 농수로나 연못, 웅덩이, 저수지 주변에서 쉽게 발견되지요. 특히 다 자란 수컷은 연못이나 웅덩이 주변에서 자신의 영역을 지키기 위해 경계 행동을 취하는 모습을 볼 수 있어요. 녀석들은 적응력이 뛰어난 편이어서 비교적 오염된 환경 조건에서도 번식하며 살아갈 수 있답니다.

짝짓기 철이 되면 암컷은 수면 위를 정지 비행하면서 배 끝을 물에 치며 알을 낳아요. 이때 수컷은 주위를 날며 암컷을 보호하지요. 암컷이 갓 낳은 알은 투명한 색을 띠다가 시간이 점차 흐르면서 노란색으로 변해요. 애벌레 상태로 겨울을 나며, 성충은 4~10월에 걸쳐 나타난답니다.

- **크기:** 배 길이 35~40mm
- **몸 색깔:** 수컷은 잿빛이 도는 푸른색, 암컷은 황색
- **사는 곳:** 연못이나 웅덩이, 저수지 등의 습지 주변
- **주요 먹이:** 작은 곤충
- **몸놀림(비행 속도):** 중간
- **활동 시간:** 낮
- **멸종 위기 등급:** 낮음
- **관찰 시기(출현 시기):** 1월 2월 3월 **4월 5월 6월 7월 8월 9월 10월** 11월 12월
- **북한명:** 흰잠자리
- **분포:** 전국

한살이 및 특징

암컷은 수면 위를 정지 비행하면서 배 끝을 물에 치며 알을 낳는다. 애벌레 상태로 겨울을 나고, 성충은 4~10월에 걸쳐 나타난다.

관찰 탐구 포인트

- 밀잠자리의 생김새를 관찰해 볼까?
- 밀잠자리의 한살이 과정을 탐구해 볼까?

물잠자리

학명: *Calopteryx japonica* Selys, 1869
분류 체계: 잠자리목, 물잠자리과, 물잠자리속

물잠자리는 주로 계곡이나 개울 등지의 물가에서 살기 때문에 붙은 이름이에요. 우리나라에서 맨 처음 채집해 세계 학계에 보고한 종이지요. 배 길이는 40~47밀리미터가량으로 몸집이 제법 큰 편이에요. 몸 색깔은 전체적으로 금속광택이 나는 청록색을 띠고 있지요. 암컷은 수컷과 달리 날개 끝부분에 흰색의 가두리 무늬가 나 있는데, 이는 짝짓기 시기에 수컷이 암컷을 구분하는 용도로 활용된답니다.

물잠자리는 우리나라 전국 곳곳에서 살아가요. 주로 깨끗한 물이 빠르게 흐르는 산지의 개울이나 계곡 주변에서 볼 수 있지요. 활동 영역이 좁은 편이어서 멀리 날아가지 않고 나뭇잎이나 풀잎에 앉았다 날았다 하는 행동을 반복하는 경우가 많아요. 쉴 때는 날개를 곧게 세워서 접는답니다.

짝짓기 철이 되면 암컷은 계곡 주변의 수생 식물 줄기 속에 알을 낳아요. 애벌레로 겨울을 나며, 성충은 5~7월쯤에 나타나지요.

- **크기:** 배 길이 40~47mm
- **몸 색깔:** 금속광택이 나는 청록색
- **사는 곳:** 계곡이나 개울
- **주요 먹이:** 작은 곤충
- **몸놀림(비행 속도):** 중간
- **활동 시간:** 낮
- **멸종 위기 등급:** 낮음
- **관찰 시기(출현 시기):** 1월 2월 3월 4월 **5월 6월 7월** 8월 9월 10월 11월 12월
- **북한명:** 푸른물잠자리
- **분포:** 전국

한살이 및 특징

암컷은 계곡 주변의 수생 식물 줄기 속에 알을 낳는다. 애벌레로 겨울을 나며, 성충은 5~7월쯤 나타난다.

관찰 탐구 포인트

- 물잠자리의 생김새를 관찰해 볼까?
- 물잠자리의 한살이 과정을 탐구해 볼까?

왕잠자리

학명: *Anax parthenope julius* Brauer, 1865
분류 체계: 잠자리목, 왕잠자리과, 왕잠자리속

왕잠자리는 다른 잠자리에 비해 유난히 몸집이 커서 붙은 이름이에요. 실제로 배 길이가 48~57밀리미터가량 될 정도로 몸집이 큰 대형 잠자리에 속하지요. 몸 색깔(가슴)은 전체적으로 녹색 바탕에 수컷은 배에 푸른색 무늬가 나 있고, 암컷은 황록색을 띠었답니다.

왕잠자리는 우리나라 전국 곳곳에서 살아가요. 주로 수생 식물이 많이 자라는 연못이나 저수지 주변에서 볼 수 있지요. 녀석들은 몸놀림이 예민하고 비행 속도도 빠른 편이에요. 특히 수컷은 연못이나 저수지 근처를 수시로 비행하며 주위를 경계해요. 녀석들이 주변을 돌아다니며 비행하는 것은 자신의 영역을 지키기 위해서랍니다.

짝짓기 철이 되면 암컷은 수생 식물의 잎이나 줄기에 알을 낳아요. 유충은 물이 흐르지 않는 3급수가량의 오염된 물에서도 살 수 있을 정도로 생명력이 강한 편이에요. 유충으로 겨울을 나며, 성충은 4~10월쯤 나타난답니다.

- **크기:** 배 길이 48~57mm
- **몸 색깔:** 녹색 바탕, 수컷은 배에 푸른색 무늬, 암컷은 황록색 무늬
- **사는 곳:** 연못이나 저수지 주변
- **주요 먹이:** 작은 곤충
- **몸놀림(비행 속도):** 중간
- **활동 시간:** 낮
- **멸종 위기 등급:** 낮음
- **관찰 시기(출현 시기):** 1월 2월 3월 **4월 5월 6월 7월 8월 9월 10월** 11월 12월
- **북한명:** 은왕잠자리
- **분포:** 전국

한살이 및 특징

암컷은 수생 식물의 잎이나 줄기에 알을 낳는다. 성충은 4~10월쯤 나타난다.

관찰 탐구 포인트

- 왕잠자리의 생김새를 관찰해 볼까?
- 왕잠자리의 한살이 과정을 탐구해 볼까?

꼬마잠자리

학명: *Nannophya pygmaea* Rambur, 1842
분류 체계: 잠자리목, 잠자리과, 꼬마잠자리속

꼬마잠자리는 배 길이가 10~14밀리미터에 불과할 정도로 몸집이 작아요. 우리나라에서 사는 잠자리 중에서 가장 몸집이 작은 녀석이지요. 그래서 이름도 꼬마잠자리로 부른답니다. 몸 색깔은 수컷이 전체적으로 붉은색을 띠고, 암컷은 짙은 갈색 바탕에 검은색 줄무늬가 많이 나 있어요.

꼬마잠자리는 지리산이나 속리산, 모후산, 석문산 주로 남부 지방에서 살아가요. 산지에 자리한 수심이 매우 얕은 연못이나 휴경지(농사를 짓다가 그만두고 내버려 둔 땅) 등에서 볼 수 있지요. 녀석들은 서식지 주변을 날아다니며 경계를 취하는 모습을 자주 보여요. 또 날씨가 더울 때는 물구나무를 서듯 배를 치켜들고 있답니다. 햇빛이 닿는 면적을 적게 하여 체온을 유지하려는 것이지요.

짝짓기 철이 되면 암컷은 수면 위를 정지 비행하면서 배 끝을 물에 치며 알을 낳아요. 애벌레 상태로 물속에서 겨울을 나고, 성충은 5~8월쯤에 나타나지요. 워낙 마릿수가 적어서 우리나라는 녀석들을 멸종위기야생생물 2급으로 지정하여 보호하고 있답니다.

- **크기:** 배 길이 10~14mm
- **몸 색깔:** 수컷은 붉은색, 암컷은 짙은 갈색 바탕에 검은색 줄무늬
- **사는 곳:** 산지에 자리한 수심이 매우 얕은 연못이나 휴경지
- **주요 먹이:** 작은 곤충
- **몸놀림(비행 속도):** 느림
- **활동 시간:** 낮
- **멸종 위기 등급:** 매우 높음
- **관찰 시기(출현 시기):** 1월 2월 3월 4월 **5월 6월 7월 8월** 9월 10월 11월 12월
- **분포:** 전국(멸종 위기종)

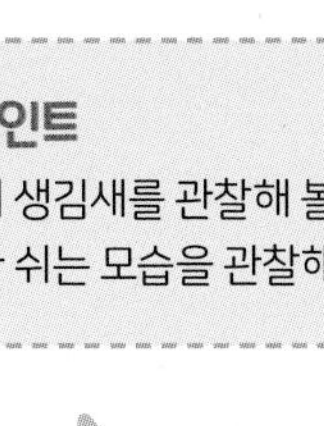

한살이 및 특징

암컷은 수면 위를 정지 비행하면서 배 끝을 물에 치며 알을 낳는다. 애벌레 상태로 물속에서 겨울을 나며, 성충은 5~8월쯤에 나타난다.

관찰 탐구 포인트

- 꼬마잠자리의 생김새를 관찰해 볼까?
- 꼬마잠자리가 쉬는 모습을 관찰해 볼까?

노린재

홍줄노린재
무당알노린재
에사키뿔노린재
톱다리개미허리노린재

노린재란?

노린재란 노린재목, 노린재과, 장님노린재과, 침노린재과, 알노린재과 등에 속한 곤충의 무리를 말해요. 우리나라에는 광대노린재, 홍줄노린재, 풀색노린재 등을 포함해 727종의 노린재가 살고 있지요.

노린재는 몸길이나 몸 색깔, 생김새 등이 종에 따라 다양하고, 천적으로부터 위협을 받으면 냄새샘을 통해 악취가 나는 노린내를 풍겨요. 몸이 전체적으로 편평한 방패 모양을 띤 것이 많으며, 잘 발달한 입으로 식물의 즙이나 동물의 체액을 빨아 먹고 살아간답니다.

노린재의 각 부위와 명칭

(사진: 고추침노린재)

노린재 냄새의 역할

노린재는 천적이 공격하면 고약스러운 냄새를 풍겨요. 사람들에게는 지독한 악취일 뿐이지만 녀석들에게는 생명을 지키는 든든한 방어수단의 역할을 해요. 또 주변의 동료들과 의사소통하거나 번식기에 짝을 유혹하는 유인제 기능도 하지요.

한편, 종에 따라 풍기는 냄새가 다른데 몸집이 큰 노린재들은 시큼한 냄새가 나고, 몸집이 작은 종들은 채소나 과일 썩은 냄새가 나는 경우가 많답니다.

노린재의 성별(암컷과 수컷)

노린재는 광대노린재처럼 암컷과 수컷의 생김새가 비슷한 종들과 긴가위뿔노린재처럼 암컷과 수컷의 생김새가 뚜렷하게 차이 나는 종이 있어요. 암수를 구별하기 힘든 종은 배 크기, 생식기 등을 확인해야 정확히 구분할 수 있답니다.

새끼를 돌보는 노린재

대다수 곤충의 어미는 알을 낳고 나면 자리를 떠나요. 하지만 노린재 가운데는 알이 깰 때까지 어미가 알 곁에 머무르는 녀석들도 있어요. 뿔노린재과에 속한 몇몇의 종인데, 그중 에사키뿔노린재는 알이 부화해 애벌레가 된 후에도 한동안 새끼를 보호하면서 키운답니다.

노린재의 한살이

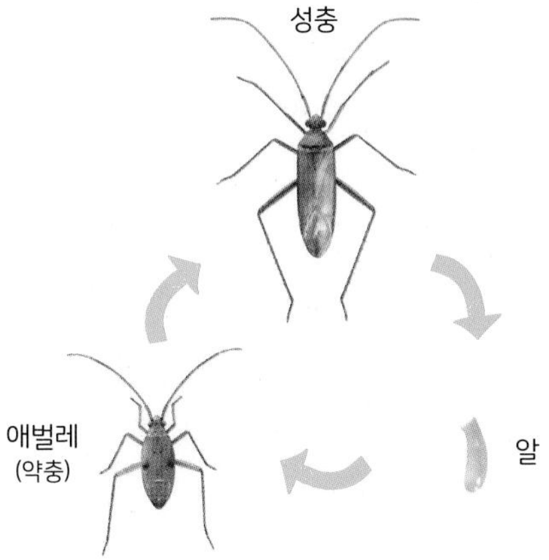

노린재는 번데기 시기를 거치지 않고 알, 애벌레, 성충(어른벌레)으로 자라는 불완전 탈바꿈을 하는 곤충이에요. 짝짓기를 끝낸 암컷은 주로 식물의 잎 뒷면에 알을 낳아요.

알에서 깬 애벌레는 보통 4~5회가량 허물을 벗으며 성장해요. 점점 몸집을 키운 애벌레는 마지막 허물을 벗은 뒤 성충이 되지요.

홍줄노린재

학명: *Graphosoma rubrolinneatum* (Westwood, 1837)
분류 체계: 노린재목, 노린재과, 홍줄노린재속

홍줄노린재는 몸에 붉은빛을 띤 줄무늬가 세로로 나 있어서 붙은 이름이에요. 하지만 갓 성충이 된 녀석들은 몸 색깔이 온통 붉은색을 띠어요. 시간이 조금 흐른 뒤에야 비로소 검은색 줄무늬가 생기면서 붉은 세로줄이 완성되지요. 몸길이는 9~12밀리미터가량으로 작은 편이에요. 하지만 몸 색깔이 화려해서 멀리서도 눈에 잘 띈답니다.

홍줄노린재는 우리나라 전국 곳곳에서 살아가요. 흔히 벼과 식물이나 미나리과, 산형과(주로 약용 작물) 식물이 자라는 곳에서 볼 수 있지요. 녀석들은 약용 작물 등의 농작물에 피해를 주기 때문에 농부들에게는 해충으로 여겨져요. 그래도 몸 색깔이 아름다워 생태 촬영가들에게는 모델로 인기가 많답니다. 녀석들은 주로 꽃의 꿀이나 꽃대, 씨앗, 열매 등을 먹고 살아요.

짝짓기 철이 되면 암컷은 식물의 꽃대나 줄기에 알을 가지런히 줄지어 낳아요. 애벌레로 겨울을 나며, 성충은 6~10월쯤 나타난답니다.

- **크기:** 9~12mm
- **몸 색깔:** 검은색 바탕에 붉은색 줄무늬
- **사는 곳:** 숲 가장자리 풀숲
- **주요 먹이:** 벼과, 미나리과, 산형과 식물
- **몸놀림(비행 속도):** 중간
- **활동 시간:** 낮
- **멸종 위기 등급:** 낮음
- **관찰 시기(출현 시기):** 1월 2월 3월 4월 5월 **6월 7월 8월 9월 10월** 11월 12월
- **북한명:** 붉은줄노린재
- **분포:** 전국

한살이 및 특징

암컷은 식물의 줄기에 알을 가지런히 줄지어 낳는다.
애벌레로 겨울을 나며, 성충은 6~10월쯤 나타난다.

관찰 탐구 포인트

- 홍줄노린재의 생김새를 관찰해 볼까?
- 홍줄노린재의 한살이 과정을 탐구해 볼까?

무당알노린재

학명: *Megacopta punctatissima* (Montandon, 1894)
분류 체계: 노린재목, 알노린재과, 무당알노린재속

무당알노린재는 생김새가 무당벌레와 비슷해서 붙은 이름이에요. 하지만 몸이 둥근 형태인 무당벌레와는 달리 녀석은 사다리꼴이어서 서로 다른 종이라는 걸 쉽게 알 수 있어요. 몸길이는 4~5밀리미터가량으로 몸집이 매우 작은 편이에요. 몸 색깔은 황록색 바탕에 녹색, 갈색, 주황색 등의 얼룩무늬가 불규칙하게 흩어져 있답니다.

무당알노린재는 우리나라 전국 곳곳에서 살아가요. 주로 콩이나 칡이 많은 풀숲 또는 덤불에서 볼 수 있지요. 녀석들은 잎이나 줄기에 달라붙어 열심히 먹이 활동을 하며 살아요.

짝짓기 철이 되면 암컷은 콩이나 칡 잎에 살구색의 알을 2갈래로 나란하게 낳아요. 약충 시기에는 몸에 털이 많이 나서 무당벌레가 전혀 연상되지 않아요. 하지만 점점 자라면서 무당벌레처럼 몸 표면이 광택이 나고 매끄러워지지요. 성충으로 낙엽이나 돌 밑에서 겨울을 나며, 이듬해 봄이 되면 활동을 시작한답니다.

- **크기:** 4~5mm
- **몸 색깔:** 황록색 바탕, 불규칙한 얼룩무늬
- **사는 곳:** 숲 가장자리 풀숲
- **주요 먹이:** 콩이나 칡 잎
- **몸놀림(비행 속도):** 중간
- **활동 시간:** 낮
- **멸종 위기 등급:** 낮음
- **관찰 시기(출현 시기):** 1월 2월 3월 4월 5월 **6월 7월 8월 9월** 10월 11월 12월
- **분포:** 전국

한살이 및 특징

암컷은 콩이나 칡 잎에 살구색의 알을 2갈래로 나란하게 낳는다. 성충은 6~9월쯤 나타난다.

관찰 탐구 포인트

- 무당알노린재의 생김새를 관찰해 볼까?
- 무당알노린재의 한살이 과정을 탐구해 볼까?
- 무당알노린재와 무당벌레를 관찰하고 차이점을 비교해 볼까?

에사키뿔노린재

학명: *Sastragala esakii* Hasegawa, 1959
분류 체계: 노린재목, 뿔노린재과, 무늬뿔노린재속

에사키뿔노린재는 이름이 독특한 노린재 중 하나예요. 그렇지만 녀석의 이름에 별 뜻은 없어요. 그저 맨 처음 학명을 기록한 일본인 학자가 자신의 이름을 따서 지었을 뿐이지요. 녀석은 몸길이가 10~12밀리미터가량이며, 몸 색깔은 짙은 갈색을 띠어요. 특히 몸 표면에 노란색 하트 모양의 무늬가 나 있어서 다른 노린재들과는 쉽게 구분할 수 있답니다.

에사키뿔노린재는 우리나라 전국 곳곳에서 살아가요. 주로 말채나무나 층층나무가 많이 자라는 숲 가장자리의 산길이나 저수지 주변, 공원, 화단 등에서 쉽게 볼 수 있지요. 뿔노린재 무리에 속한 녀석답게 가슴 끝 부위에는 검은색 뿔이 달려 있답니다.

짝짓기 철이 되면 암컷은 산초나무, 호두나무 등의 잎에 수십 개의 알을 낳아요. 특히 암컷은 알을 다 낳은 후에도 알 주변을 떠나지 않아요. 알이 무사히 부화할 수 있도록 하기 위해서예요. 심지어 알이 부화한 뒤에도 2령 약충이 될 때까지 새끼들을 보살필 만큼 자식 사랑이 대단하지요. 성충으로 낙엽 속에 숨어 겨울을 나며, 이듬해 봄이 되면 활동하기 시작해요.

- **크기:** 10~12mm
- **몸 색깔:** 짙은 갈색, 노란색 하트 무늬
- **사는 곳:** 숲 가장자리 풀숲, 공원, 화단
- **주요 먹이:** 말채나무나 층층나무 잎
- **몸놀림(비행 속도):** 중간
- **활동 시간:** 낮
- **멸종 위기 등급:** 낮음
- **관찰 시기(출현 시기):** 1월 2월 3월 4월 **5월 6월 7월 8월 9월 10월** 11월 12월
- **분포:** 전국

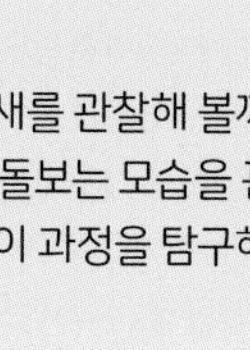

한살이 및 특징

암컷은 산초나무, 호두나무 등의 잎에 수십 개의 알을 낳는다. 성충으로 겨울을 나며, 5~10월쯤 관찰된다.

관찰 탐구 포인트

- 에사키뿔노린재의 생김새를 관찰해 볼까?
- 에사키뿔노린재가 알을 돌보는 모습을 관찰해 볼까?
- 에사키뿔노린재의 한살이 과정을 탐구해 볼까?

톱다리개미허리노린재

학명: *Riptortus clavatus* (Thunberg, 1783)
분류 체계: 노린재목, 호리허리노린재과, 톱다리개미허리노린재속

톱다리개미허리노린재는 생김새와 이름이 아주 잘 어울리는 노린재예요. 뒷다리의 넓적다리마디에 여러 개의 가시가 달려 있는데, 그 모습이 톱날과 비슷하거든요. 또 허리는 개미허리처럼 얇고 늘씬해요. 한 번 보면 그 이름이 잊히지 않을 만큼 특색 있는 녀석이지요. 몸길이는 14~27밀리미터가량이며, 몸 색깔은 전체적으로 짙은 갈색을 띠었답니다.

톱다리허리노린재는 우리나라 전국 곳곳에서 살아가요. 콩이나 칡이 많은 덤불, 풀숲, 과수원, 농경지 등에서 볼 수 있지요. 녀석들은 주로 콩과 식물의 잎이나 꼬투리 등을 빨아 먹고 살아요. 몸놀림이 예민한 편이어서 먹이 활동을 하다가도 주변에서 작은 움직임이 느껴지면 금세 도망쳐 버려요. 하늘 위를 비행할 때는 부웅 소리를 내고 다니기 때문에 마치 말벌처럼 보이기도 한답니다.

짝짓기 철이 되면 암컷은 납작한 팥 모양의 알을 잎 뒷면에 드문드문 낳아요. 알에서 깬 약충은 생김새가 개미와 비슷해요. 하지만 조금씩 성장하면서 개미의 모습은 점차 사라지지요. 성충으로 낙엽 속에 숨어서 겨울을 나며, 6~9월쯤에 걸쳐 2~3회가량 발생해요.

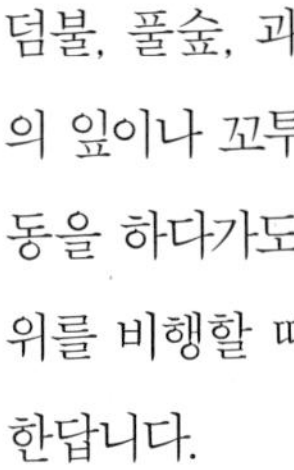

- **크기:** 14~27mm
- **몸 색깔:** 짙은 갈색
- **사는 곳:** 풀숲이나 덤불, 과수원 농경지 등
- **주요 먹이:** 콩과 식물의 잎
- **몸놀림(비행 속도):** 빠름
- **활동 시간:** 낮
- **멸종 위기 등급:** 낮음
- **관찰 시기(출현 시기):** 1월 2월 3월 4월 5월 **6월 7월 8월 9월** 10월 11월 12월
- **북한명:** 콩허리노린재
- **분포:** 전국

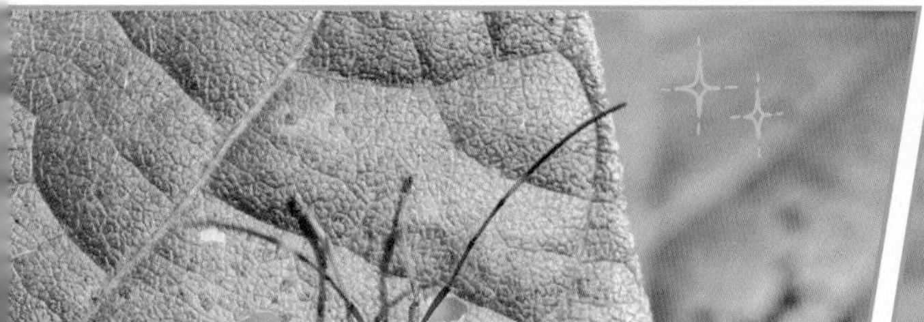

한살이 및 특징

암컷은 납작한 팥 모양의 알을 잎 뒷면에 드문드문 낳는다. 성충으로 낙엽 속에 숨어서 겨울을 나며, 6~9월쯤에 걸쳐 2~3회가량 발생한다.

관찰 탐구 포인트

- 톱다리개미허리노린재의 생김새를 관찰해 볼까?
- 톱다리개미허리노린재의 허리 그리고 뒷다리의 넓적다리마디 생김새를 관찰해 볼까?
- 톱다리개미허리노린재의 한살이 과정을 탐구해 볼까?

매미

말매미
애매미
참매미
소요산매미

매미란?

매미는 노린재목 매미과에 속한 곤충의 무리를 말해요. 우리나라에는 말매미, 참매미, 애매미 등을 포함해 모두 13종이 살고 있지요. 매미라는 이름에서도 알 수 있듯이 시끄러운 울음소리를 내는 곤충으로 알려져 있어요.

종에 따라 몸집의 크기는 차이가 있으나 대체로 몸이 넓적한 편이며, 기다란 날개가 2쌍 있어요. 2개의 커다란 겹눈이 발달했고, 홑눈은 정수리에 3개가 붙어 있지요. 입은 뒤쪽을 향했는데, 주로 식물의 수액을 빨아 먹을 수 있는 형태로 발달했답니다.

매미의 각 부위와 명칭

(사진: 참매미)

매미의 울음소리에 숨은 비밀

매미는 시끄러운 울음소리를 내는 곤충이에요. 그 소리의 정도는 최대 100데시벨(dB, 소리의 세기를 나타내는 단위)에 이르는데, 이는 기차가 지나갈 때 나는 소리와 비슷해요. 하지만 모든 매미가 울음소리를 내는 것은 아니에요. 울음소리를 내는 것은 수컷이지요.

수컷의 배에는 소리를 낼 수 있는 발성기관과 소리를 증폭할 수 있는 근육, 진동막이 있어요. 발성기관에서 만들어진 소리가 진동막을 통해 커다랗게 들리는 것이지요. 하지만 정작 소리를 내는 수컷은 울음소리를 듣지 않는다고 해요. 녀석들은 청각기관을 열고 닫고 할 수 있는데, 울음소리를 낼 때는 그 소리가 워낙 커서 청각기관을 닫아 버린답니다.

매미의 성별(암컷과 수컷)

매미는 암컷과 수컷의 모습이 비슷해서 정확히 구분하기가 어려워요. 암수를 구분하려면 배 부위를 살펴봐야 해요. 수컷은 꽁무니에 산란관이 없어 뭉툭한 모양이지만, 암컷은 꽁무니에 알을 낳는 산란관이 기다랗게 달려 있지요. 이외에도 울음소리를 내는 수컷의 배에는 발음기가 달려 있지만, 암컷은 발음기가 없답니다.

세계에서 가장 큰 매미

세계에서 가장 큰 매미는 동남아시아 지역(태국)에서 발견된 황제매미예요. 우리나라에서 가장 몸집이 큰 말매미의 몸길이가 5센티미터(날개 길이 제외)를 넘지 않는 것에 비해 녀석은 몸길이가 11센티미터가량 된답니다.

매미의 한살이

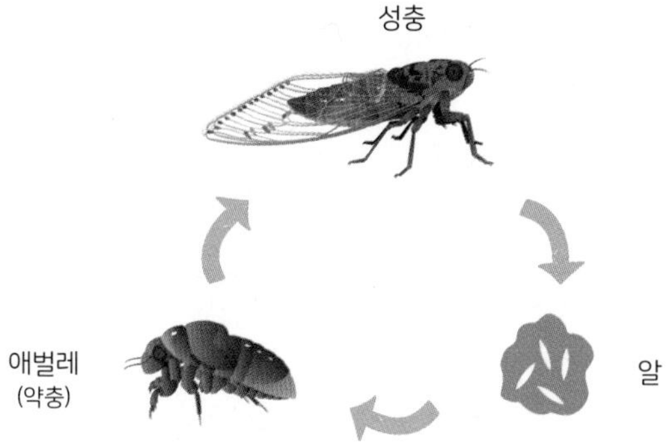

매미는 번데기 시기를 거치지 않고 알, 애벌레, 성충(어른벌레)으로 자라는 불완전 탈바꿈을 하는 곤충이에요. 여름철 짝짓기를 끝낸 암컷은 주로 나무껍질 속에 산란관을 꽂아 알을 낳아요. 알은 그 상태로 겨울을 난 후 이듬해 봄이 되면 부화하기 시작하지요.

알에서 깬 애벌레는 나무 구멍 밖으로 나와 아래로 뛰어내려요. 그런 다음 땅속으로 들어가 나무뿌리의 수액 등을 빨아 먹으며 3~7년가량을 보내고 우화할 무렵 땅 위로 나와요. 종령 애벌레는 나무 위로 올라와 마지막 허물을 벗은 뒤 성충이 된답니다.

말매미

학명: *Cryptotympana atrata* (Fabricius, 1775)
분류 체계: 노린재목, 매미과, 말매미속

말매미는 우리나라에서 사는 매미류 중에서 몸집이 가장 크기 때문에 붙은 이름이에요. 실제로 몸길이가 40~48밀리미터에 이를 정도로 몸집이 큰 편이지요. 몸은 전체적으로 광택이 나는 검은색 바탕에 금색을 띤 미세한 가루로 덮여 있는데, 나무 위에 앉으면 몸 색깔이 보호색 역할을 하기 때문에 천적의 눈에 잘 띄지 않는답니다.

말매미는 우리나라 전국 곳곳에서 살아가요. 주로 숲 가장자리나 농경지 주변의 활엽수, 공원 주변의 가로수 등에서 볼 수 있지요. 마릿수가 많은 편이어서 여름철 가장 쉽게 발견할 수 있는 매미 중 하나랍니다.

짝짓기 철이 되면 수컷은 암컷을 꾀기 위해 큰 소리로 울어 대요. 암컷은 수컷의 울음소리를 듣고 찾아와 짝짓기한 후 나뭇가지에 수백 개의 알을 낳지요. 알 상태로 겨울을 나며, 이듬해 여름 애벌레가 되어 땅속으로 들어가요. 애벌레는 땅속에서 버드나무, 벚나무, 느티나무 같은 활엽수 종류의 나무뿌리로부터 수액을 빨아 먹으며 7년가량 보내요. 성충은 6~9월쯤 나타난답니다.

- **크기:** 40~48mm
- **몸 색깔:** 광택이 나는 검은색 바탕에 미세한 금빛 가루
- **사는 곳:** 숲, 농경지, 공원 등의 활엽수
- **주요 먹이:** 나무 수액
- **몸놀림(비행 속도):** 중간
- **활동 시간:** 낮
- **멸종 위기 등급:** 중간
- **관찰 시기(출현 시기):** 1월 2월 3월 4월 5월 **6월 7월 8월 9월** 10월 11월 12월
- **분포:** 전국

한살이 및 특징

암컷은 나뭇가지에 수백 개의 알을 낳는다. 알 상태로 겨울을 나고, 이듬해 여름 애벌레가 되어 약 7년간 땅속에서 지낸다. 성충은 6~9월쯤 나타난다.

관찰 탐구 포인트

- 말매미의 생김새를 관찰해 볼까?
- 말매미 수컷의 울음소리 특징을 탐구해 볼까?

애매미

학명: *Meimuna opalifera* (Walker, 1850)
분류 체계: 노린재목, 매미과, 애매미속

애매미는 우리나라에 사는 매미류 중에서 몸집이 작아서 붙은 이름이에요. 몸길이가 28~35밀리미터가량으로 말매미의 절반 정도밖에 되지 않지요. 몸 색깔은 옅은 검은색 바탕에 회황색, 녹색, 검은색 등이 섞여 있는데, 나무 위에 앉으면 보호색 역할을 해서 천적의 눈에 잘 띄지 않아요.

애매미는 우리나라 전국 곳곳에서 살아가요. 숲 가장자리의 낮은 산지에서부터 높이 1,000미터에 이르는 고산 지대까지 넓은 지역에 걸쳐 볼 수 있지요. 주로 낮에 먹이 활동을 하며 살아가지만, 밤이 되면 불빛을 보고 날아오기도 한답니다.

짝짓기 철이 되면 수컷은 울음소리를 내며 암컷을 꾀어요. 말매미보다 몸집은 작지만 더 다양한 소리를 내며 울지요. 짝짓기를 끝낸 암컷은 나뭇가지에 알을 낳아요. 알에서 나온 유충은 땅속에서 나무뿌리의 수액을 빨아 먹으며 2~5년가량을 지낸답니다. 성충은 주로 7~10월쯤 나타나며, 가을 무렵까지 관찰할 수 있어요.

- **크기:** 28~35mm
- **몸 색깔:** 옅은 검은색 바탕, 회황색, 녹색, 검은색
- **사는 곳:** 숲, 농경지, 공원 등의 활엽수
- **주요 먹이:** 나무 수액
- **몸놀림(비행 속도):** 중간
- **활동 시간:** 낮
- **멸종 위기 등급:** 중간
- **관찰 시기(출현 시기):** 1월 2월 3월 4월 5월 6월 **7월 8월 9월 10월** 11월 12월
- **북한명:** 애기매미(큰찌기)
- **분포:** 전국

한살이 및 특징

암컷은 나뭇가지에 알을 낳는다. 유충은 땅속에서 나무뿌리의 수액을 빨아 먹으며 2~5년가량 살아가고, 성충은 주로 7~10월쯤 나타난다.

관찰 탐구 포인트

- 애매미의 생김새를 관찰해 볼까?
- 애매미 수컷의 울음소리 특징을 탐구해 볼까?
- 애매미와 말매미를 관찰하고 차이점을 비교해 볼까?

참매미

학명: *Hyalessa maculaticollis* (Motschulsky, 1866)
분류 체계: 노린재목, 매미과, 참매미속

참매미는 우리나라에 사는 매미류 중에서 사람들에게 가장 친숙한 곤충이에요. 사람들이 매미를 이야기할 때 떠오르는 녀석이 바로 참매미거든요. 몸길이는 33~36밀리미터가량이고 몸 색깔은 검은색 바탕에 연두색, 흰색 등의 무늬가 나 있답니다.

참매미는 우리나라 전국 곳곳에서 살아가요. 마릿수가 매우 많아서 숲속은 물론 도시공원에서도 쉽게 관찰할 수 있지요. 녀석들은 주로 벚나무, 뽕나무 등의 수액을 빨아 먹고 살아간답니다.

짝짓기 철이 되면 수컷은 암컷을 꾀기 위해 큰 소리로 울어요. 국립생물자원관 자료에 따르면, 보통 참매미는 새벽 4시~오전 9시까지 주로 울고, 말매미는 오전 8시쯤부터 울기 시작한다고 해요. 짝짓기를 끝낸 암컷은 산란관을 나뭇가지에 꽂아 150~400여 개의 알을 낳아요. 알 상태로 겨울을 나며, 이듬해 여름이 되면 부화하기 시작하지요. 이후 애벌레는 땅속으로 들어가 나무뿌리의 수액을 빨아 먹으며 살아가요. 대략 4~5년가량 땅속에서 지낸 뒤 7~9월쯤 성충으로 우화한답니다.

- **크기:** 33~36mm
- **몸 색깔:** 검은색 바탕에 연두색, 흰색 등의 무늬
- **사는 곳:** 숲, 농경지, 공원 등의 활엽수
- **주요 먹이:** 벚나무, 뽕나무 수액
- **몸놀림(비행 속도):** 중간
- **활동 시간:** 낮
- **멸종 위기 등급:** 중간
- **관찰 시기(출현 시기):** 1월 2월 3월 4월 5월 6월 **7월 8월 9월** 10월 11월 12월
- **분포:** 전국

한살이 및 특징

암컷은 산란관을 나뭇가지에 꽂아 150~400여 개의 알을 낳는다. 애벌레 상태로 4~5년가량 땅속에서 지낸 뒤 7~9월쯤 성충으로 우화한다.

관찰 탐구 포인트

- 참매미의 생김새를 관찰해 볼까?
- 참매미 수컷의 울음소리 특징을 탐구해 볼까?
- 참매미와 말매미를 관찰하고 차이점을 비교해 볼까?

소요산매미

학명: *Leptosemia takanonis* Matsumura, 1917
분류 체계: 노린재목, 매미과, 소요산매미속

소요산매미는 소요산에서 맨 처음 발견되어 붙은 이름이에요. 소요산은 경기도 동두천시에 자리해 있는데, 녀석은 소요산뿐 아니라 전국 곳곳의 산에서 볼 수 있어요. 몸길이는 20~33밀리미터가량으로 우리나라에 서식하는 매미류 중에서 몸집이 아주 작은 종 가운데 하나예요. 몸 색깔은 옅은 황색 바탕에 회색, 초록색, 검은색, 갈색 등의 무늬가 나 있어요. 특히 다른 매미류와 달리 배 색깔이 옅어 반투명하게 보인답니다.

소요산매미는 우리나라 전국 곳곳에서 살아가요. 하지만 도시에서는 살지 않으며, 주로 활엽수가 많은 숲속에서 볼 수 있지요. 저지대보다는 해발 고도가 다소 높은 지역에서 나무 수액을 빨아 먹으며 살아가요.

짝짓기 철이 되면 수컷은 울음소리를 내며 암컷을 꾀어요. 짝짓기를 끝낸 암컷은 나뭇가지에 알을 낳지요. 성충은 6~8월쯤에 나타난답니다.

- **크기:** 20~33mm
- **몸 색깔:** 옅은 황색 바탕에 회색, 초록색, 검은색, 갈색 등의 무늬
- **사는 곳:** 활엽수가 많은 숲속
- **주요 먹이:** 나무 수액
- **몸놀림(비행 속도):** 중간
- **활동 시간:** 낮
- **멸종 위기 등급:** 중간
- **관찰 시기(출현 시기):** 1월 2월 3월 4월 5월 **6월 7월 8월** 9월 10월 11월 12월
- **분포:** 전국

한살이 및 특징

짝짓기를 끝낸 암컷은 나뭇가지에 알을 낳는다.
성충은 6~8월쯤에 나타난다.

관찰 탐구 포인트

- 소요산매미의 생김새를 관찰해 볼까?
- 소요산매미 수컷의 울음소리 특징을 탐구해 볼까?
- 소요산매미의 한살이 과정을 탐구해 볼까?

물자라

물장군
물자라
각시물자라

물자라란?

물자라는 노린재목 물장군과에 속한 곤충의 무리를 말해요. 우리나라에는 물자라, 각시물자라, 큰물자라, 물장군 등 모두 4종이 살고 있어요.

몸 표면은 전체적으로 딱딱한 편이며, 몸 색깔은 전체적으로 갈색을 띠어요. 몸집에 비해 머리가 작고 겹눈은 크며, 광택이 있지요. 물속에서는 숨을 쉬지 못하기 때문에 꽁무니에 달린 숨관을 물 밖으로 내밀어서 호흡해요. 뒷다리에는 털이 나 있어서 물속에서 빠르게 헤엄칠 수 있답니다. 낫처럼 생긴 앞다리로 물속에 사는 작은 곤충을 사냥하고, 날카로운 입으로 체액을 빨아 먹으며 살아가지요.

물자라의 각 부위와 명칭

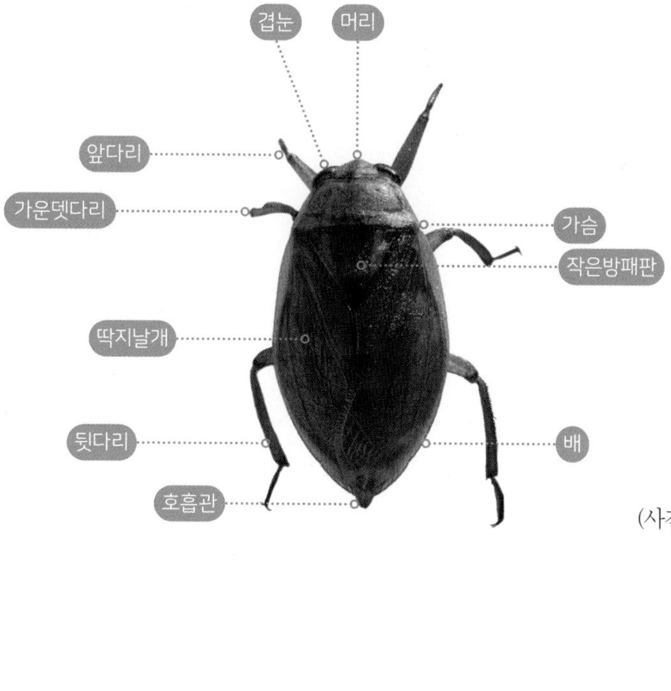

(사진: 물자라)

물자라는 왜 등에 알을 붙이고 다닐까?

물자라 암컷은 수컷의 등에 알을 붙여서 낳아요. 수컷은 알이 무사히 부화할 때까지 등에 지고 다니며 정성껏 돌보지요. 이에 비해 물장군 암컷은 물가의 풀이나 나무 등에 알을 낳아요. 수컷은 알을 낳은 장소 주변에 머물면서 알이 깰 때까지 보살펴요. 알을 낳는 방법은 서로 달라도 부화까지 수컷이 정성스럽게 돌본다는 공통점이 있답니다.

물자라의 호흡

물자라는 배 끝에 2개의 숨관이 달려 있어요. 물속에 있을 때는 보이지 않지만, 숨을 쉬기 위해 물 밖으로 올라올 때는 몸 밖으로 나오지요. 녀석은 숨관을 통해 물 밖의 산소를 빨아들인 뒤 몸속에 공기를 저장해요. 한 번 공기를 저장하면 물속에서 평균 10~15분가량을 버틸 수 있어요.

물자라의 성별(암컷과 수컷)

물자라는 겉모습만 보고는 암컷과 수컷을 구분하기 매우 어려워요. 암수를 구분하려면 생식기가 자리한 배마디를 확인해야 해요. 암컷은 이 부위가 U자처럼 둥근 형태를 띠고 있지만, 수컷은 V자 형태로 끝이 뾰족하답니다.

물자라의 한살이

물자라는 번데기 시기를 거치지 않고 알, 애벌레, 성충(어른벌레)으로 자라는 불완전 탈바꿈을 하는 곤충이에요. 짝짓기를 끝낸 암컷 물자라는 수컷의 등에 알을 낳아요. 물장군은 물가의 풀이나 나무토막 등에 알을 낳지요. 수컷은 알이 부화할 때까지 정성스럽게 돌보아요.

10~20일가량 지나면 알이 부화하기 시작해요. 알에서 나온 애벌레는 물속에서 작은 동물을 잡아먹으며 살아가요. 5차례가량 허물을 벗으며 성장한 후 성충으로 탈바꿈한답니다.

물장군

학명: *Lethocerus deyrolli* (Vuillefroy, 1864)
분류 체계: 노린재목, 물장군과, 물장군속

물장군은 물속에 사는 곤충 가운데 가장 힘이 세고 강하다고 해서 붙은 이름이에요. 몸길이가 약 50~70밀리미터에 이를 만큼 노린재 무리 중에서는 몸집이 가장 커요. 녀석들은 주로 강한 앞다리를 이용해 물고기 등을 사냥해요. 먹잇감을 잡은 후 체액을 빨아 먹지요. 사냥 실력도 뛰어나서 자신보다 덩치가 큰 개구리나 뱀도 공격해서 먹이로 삼는 경우가 있답니다.

물장군은 우리나라 전국 곳곳에서 살아가요. 저수지나, 연못, 논, 웅덩이, 수로 등의 물이 고인 곳에서 볼 수 있지요. 하지만 현재는 환경 오염 및 서식지 파괴 등으로 인해 극히 일부 지역에서만 관찰되고 있어요. 우리나라에서는 멸종위기야생생물 2급으로 지정하여 녀석들을 보호하고 있답니다.

짝짓기 철이 되면 암컷은 물가 주변의 풀이나 나무줄기 등에 수십 개의 알을 무더기로 낳아요. 수컷은 부성애가 아주 강해서 알이 무사히 깰 수 있도록 정성껏 돌보지요. 알이 깨고 나면 곧 죽음을 맞지만, 일부는 살아남아 겨울을 나기도 해요. 새끼들은 물속에 사는 작은 동물을 잡아먹으며 자라다가 7~9월쯤 성충이 된답니다.

- **크기:** 50~70mm
- **몸 색깔:** 갈색
- **사는 곳:** 저수지, 연못, 논, 웅덩이
- **주요 먹이:** 물속 동물
- **몸놀림(비행 속도):** 중간
- **활동 시간:** 밤
- **멸종 위기 등급:** 매우 높음
- **관찰 시기(출현 시기):** 1월 2월 3월 4월 **5월 6월 7월 8월 9월** 10월 11월 12월
- **분포:** 서남해 섬, 민통선(민간인 통제선)

한살이 및 특징

암컷은 물가 주변의 풀이나 나무줄기 등에 수십 개의 알을 무더기로 낳는다. 알에서 깬 애벌레는 물속에 사는 작은 동물을 잡아먹으며 자라다가 7~9월쯤 성충이 된다.

관찰 탐구 포인트

- 물장군의 생김새를 관찰해 볼까?
- 물장군이 멸종 위기에 처하게 된 까닭을 조사해 볼까?

물자라

학명: *Appasus japonicus* (Vuillefroy, 1864)
분류 체계: 노린재목, 물장군과, 물자라속

물자라는 생김새가 자라와 닮아서 붙은 이름이에요. 몸길이는 17~20밀리미터가량이며, 몸 색깔은 전체적으로 갈색을 띠고 있어요. 아가미가 없어 물속에서 호흡할 수 없기 때문에 숨을 쉬려면 물 위로 올라와야 해요. 녀석은 배 끝에 달린 숨관을 물 밖에 내밀어 숨을 쉰답니다.

물자라는 우리나라 전국 곳곳에서 살아가요. 저수지나 연못, 웅덩이 등 유속이 빠르지 않은 물속에서 흔히 볼 수 있지요. 녀석들은 올챙이나 피라미, 송사리 등의 작은 동물을 낫처럼 생긴 앞다리로 사냥해요. 그런 다음 뾰족한 입을 먹잇감에 찔러 넣어 체액을 빨아 먹지요.

짝짓기 철이 되면 암컷은 수컷의 등에 알을 낳아요. 수컷은 물장군처럼 부성애가 매우 강해서 알이 부화할 때까지 정성껏 돌보아요. 알에서 깬 애벌레는 물속에 사는 작은 동물을 잡아먹고 성장해요. 성충으로 겨울을 나며, 이듬해 봄이 되면 겨울잠에서 깨어나 활동을 시작한답니다.

- **크기:** 17~20mm
- **몸 색깔:** 갈색
- **사는 곳:** 저수지, 연못, 논, 웅덩이
- **주요 먹이:** 물속 동물
- **몸놀림(비행 속도):** 중간
- **활동 시간:** 밤
- **멸종 위기 등급:** 낮음
- **관찰 시기(출현 시기):** 1월 2월 3월 **4월 5월 6월 7월 8월 9월 10월** 11월 12월
- **북한명:** 알지게
- **분포:** 전국

한살이 및 특징

암컷은 수컷의 등에 알을 낳는다. 성충으로 겨울을 나며, 주로 땅 위 낙엽 속에서 지낸다.

관찰 탐구 포인트

- 물자라의 생김새를 관찰해 볼까?
- 물자라의 한살이 과정을 탐구해 볼까?
- 물자라와 물장군을 관찰하고 차이점을 비교해 볼까?

각시물자라

학명: *Diplonychus esakii* Miyamoto and Lee, 1966
분류 체계: 노린재목, 물장군과, 각시물자라속

각시물자라는 전체적인 모양새나 몸 색깔이 물자라와 닮았어요. 비슷한 생김새만큼 습성도 닮았지요. 하지만 몸길이가 15~17밀리미터가량으로 물자라보다 몸집이 조금 더 작아요. 또 마릿수가 적어서 실제로 야생에서 만날 기회가 드문 편이랍니다.

각시물자라는 우리나라 전국 곳곳에서 살아가요. 물의 흐름이 빠르지 않은 저수지, 웅덩이, 연못, 논 등에서 볼 수 있지요. 녀석들은 물속에서 호흡할 수 없기 때문에 숨을 쉬기 위해서는 물 위로 올라와야 해요. 배 끝에 달린 숨관을 물 밖에 내밀어 숨을 쉬지요. 각시물자라는 올챙이, 피라미, 송사리 등의 작은 동물을 잡아먹고 살아가요. 낫처럼 생긴 앞다리로 먹잇감을 잡은 후 뾰족한 입을 찔러 넣어 체액을 빨아 먹는답니다.

짝짓기 철이 되면 암컷은 수컷의 등에 알을 낳아요. 수컷은 알이 부화할 때까지 정성껏 돌보지요. 알에서 깬 애벌레는 물속에 사는 작은 동물을 잡아먹고 살아가요. 성충은 5~10월쯤 나타난답니다.

- **크기:** 15~17mm
- **몸 색깔:** 갈색
- **사는 곳:** 저수지, 연못, 논, 웅덩이
- **주요 먹이:** 물속 동물
- **몸놀림(비행 속도):** 중간
- **활동 시간:** 밤
- **멸종 위기 등급:** 낮음
- **관찰 시기(출현 시기):** 1월 2월 3월 4월 **5월 6월 7월 8월 9월 10월** 11월 12월
- **분포:** 전국

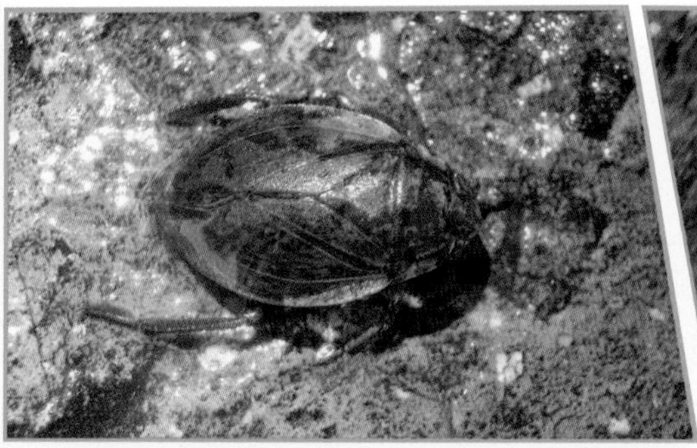

한살이 및 특징

암컷은 수컷의 등에 알을 낳는다. 알에서 깬 애벌레는 물속에 사는 작은 동물을 잡아먹고 살아간다. 성충은 5~10월쯤 나타난다.

관찰 탐구 포인트

- 각시물자라의 생김새를 관찰해 볼까?
- 각시물자라의 한살이 과정을 탐구해 볼까?
- 각시물자라와 물자라를 관찰하고 차이점을 비교해 볼까?

장구애비

장구애비
메추리장구애비
게아재비
방게아재비

장구애비란?

장구애비는 노린재목 장구애비과에 속한 곤충의 무리를 말해요. 우리나라에는 장구애비, 메추리장구애비, 게아재비, 방게아재비 이렇게 4종이 있어요. 장구애비와 게아재비는 생김새는 조금 다르지만 모두 한집안에 속한 곤충들이에요.

4종 다 유속이 느린 연못이나 웅덩이 등의 습지에서 살아가요. 가느다란 3쌍의 다리가 있는데 앞다리는 주로 먹이를 사냥할 때, 가운뎃다리와 뒷다리는 물속을 헤엄칠 때 사용해요. 겉날개와 속날개가 있어서 웅덩이가 마르면 몸을 말린 후 비행하기도 하지요. 호흡을 하려면 물 밖에 숨관을 내놓고 산소를 공급받아야 해요. 날카로운 앞다리를 이용해 물속에 사는 작은 동물을 잡아먹고 살아간답니다.

장구애비의 각 부위와 명칭

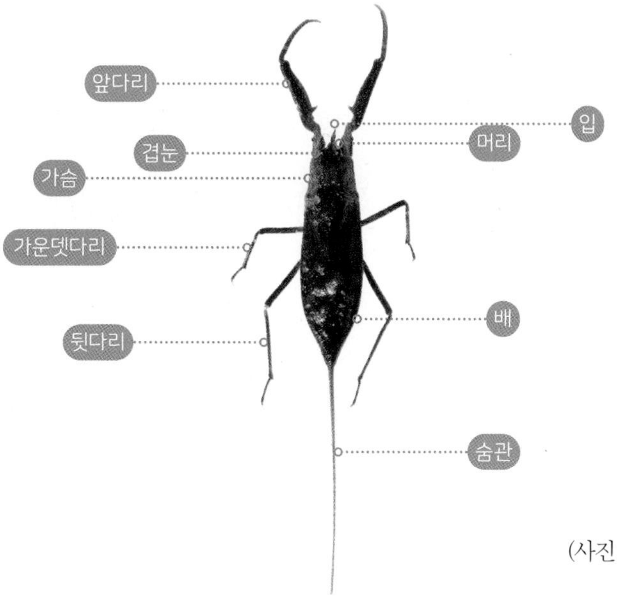

(사진: 장구애비)

숨관 없이도 살 수 있을까?

장구애비에게 숨관이 없으면 어떻게 될까요? 정답은 숨관이 없어도 살 수는 있답니다. 다만 정상적인 호흡을 할 수 없어 거의 물 위에 떠서 살아야만 해요. 물속에서 먹이 사냥을 하고 살아가기 위해서는 숨관이 꼭 필요하지요.

물 밖에서도 살 수 있을까?

장구애비는 수서곤충이기 때문에 물속에서만 살아가는 것처럼 보여요. 하지만 장구애비는 생존에 필요한 물과 먹이만 계속 제공된다면 물 밖에서도 꽤 오랜 시간 살아갈 수 있어요. 실제로 장구애비가 물 밖에서 45일 이상 살았다는 기록도 있답니다.

암컷과 수컷을 어떻게 구분할까?

장구애비 암컷은 수컷보다 몸집이 크고 더 길어서 서로 구분할 수 있어요. 하지만 암컷과 수컷이 따로 있을 경우에는 구분하는 것이 쉽지 않아요. 이때 녀석들을 구분하기 위해서는 생식기를 자세히 들여다봐야 해요. 암컷은 생식기가 삼각형, 수컷은 오각형 모양으로 생겼답니다.

장구애비의 한살이

장구애비는 번데기 시기를 거치지 않고 알, 애벌레, 성충(어른벌레)으

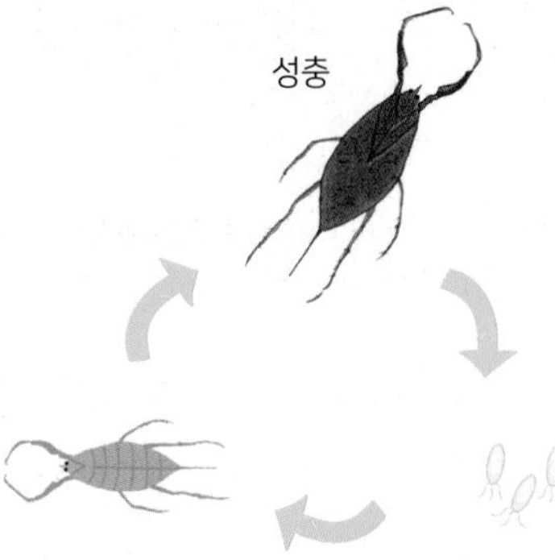

로 자라는 불완전 탈바꿈을 하는 곤충이에요. 짝짓기를 끝낸 암컷은 물가 주변의 썩은 나무나 흙, 이끼 속에 알을 낳아요.

알은 타원 모양인데 가느다란 줄처럼 생긴 돌기가 많이 나 있어요. 알의 개수는 10~50개쯤이며, 갓 나온 알은 흰색을 띠고 있으나 점차 분홍색으로 변하지요. 2주가량 지나면 알이 부화하기 시작해요. 애벌레는 5번가량 탈피한 뒤 마침내 성충이 된답니다.

장구애비

학명: *Laccotrephes japonensis* Scott, 1874
분류 체계: 노린재목, 장구애비과, 장구애비속

장구애비는 앞다리를 움직이는 모습이 장구를 치는 모습과 비슷하다고 해서 붙은 이름이에요. 생김새가 전갈을 닮아 '물속에 사는 전갈'이라는 별명도 있지요. 몸길이는 30~40밀리미터가량이며, 몸 색깔은 전체적으로 어두운 갈색을 띠고 있어요. 배 끝에는 기다란 숨관이 1쌍 달려 있는데, 숨을 쉴 때 물 밖으로 꺼내어 호흡한답니다.

장구애비는 우리나라 전국 곳곳에서 살아가요. 물이 고여 있는 농수로나 연못, 저수지 등에서 볼 수 있지요. 야행성 곤충이라 낮에는 수생 식물이나 낙엽 속에 숨어 있다가 밤이 되면 먹이 활동을 시작해요. 낫처럼 생긴 앞다리로 올챙이나 작은 물고기, 곤충 등을 사냥한 후 체액을 빨아 먹고 살아간답니다.

짝짓기 철이 되면 암컷은 물가 주변의 썩은 나무나 흙, 이끼 속에 알을 낳아요. 알에서 깬 애벌레는 5번가량 탈피하며 성장하지요. 성충으로 겨울을 나며, 4~10월쯤에 관찰할 수 있어요. 서식지 환경이 나빠지면 날갯짓을 해서 다른 곳을 찾아가기도 한답니다.

- **크기:** 30~40mm
- **몸 색깔:** 어두운 갈색
- **사는 곳:** 농수로, 연못, 저수지
- **주요 먹이:** 물속 동물
- **몸놀림(비행 속도):** 중간
- **활동 시간:** 밤
- **멸종 위기 등급:** 낮음
- **관찰 시기(출현 시기):** 1월 2월 3월 **4월 5월 6월 7월 8월 9월 10월** 11월 12월
- **북한명:** 장구애비
- **분포:** 전국

한살이 및 특징

암컷은 물가 주변의 썩은 나무나 흙, 이끼 속에 알을 낳는다. 알에서 깬 애벌레는 5번가량 탈피한 후 성충이 되며, 4~10월쯤에 관찰할 수 있다.

관찰 탐구 포인트

- 장구애비의 생김새를 관찰해 볼까?
- 장구애비의 한살이 과정을 탐구해 볼까?
- 장구애비의 먹이 활동 모습을 관찰해 볼까?

메추리장구애비

학명: *Nepa hoffmanni* Esaki, 1925
분류 체계: 노린재목, 장구애비과, 메추리장구애비속

메추리장구애비는 몸길이 18~23밀리미터가량으로 장구애비보다 몸집이 작아요. 몸 색깔은 어두운 갈색을 띠었고, 전체적인 생김새가 장구애비와 비슷하지요. 배 끝에 길이가 짧은 숨관이 1쌍 달려 있어, 숨을 쉴 때 물 밖으로 꺼내서 호흡한답니다.

메추리장구애비는 우리나라 전국 곳곳에서 살아가요. 평지에서 살아가는 장구애비와 달리 높은 산지에 있는 습지에서 볼 수 있지요. 녀석들은 주로 물이 고여 있는 연못이나 샘이 솟는 곳에서 먹이 활동을 하며 살아가요. 장구애비처럼 낫처럼 생긴 앞다리로 물속에 사는 작은 동물을 사냥한 후 체액을 빨아 먹지요.

짝짓기 철이 되면 암컷은 물가 주변의 이끼 속에 알을 낳아요. 알에서 깬 애벌레는 물속에 사는 작은 동물을 잡아먹고 성장하며, 성충은 3~11월쯤에 나타나요. 메추리장구애비는 수서 곤충이지만 종종 물 밖을 돌아다니기도 해요. 이때는 낫처럼 생긴 앞다리를 땅 위를 이동하는 데 효과적으로 사용한답니다.

- **크기:** 18~23mm
- **몸 색깔:** 어두운 갈색
- **사는 곳:** 산지에 자리한 계곡, 샘
- **주요 먹이:** 물속 동물
- **몸놀림(비행 속도):** 중간
- **활동 시간:** 밤
- **멸종 위기 등급:** 중간
- **관찰 시기(출현 시기):** 1월 2월 **3월 4월 5월 6월 7월 8월 9월 10월 11월** 12월
- **북한명:** 메추리장구애비
- **분포:** 전국

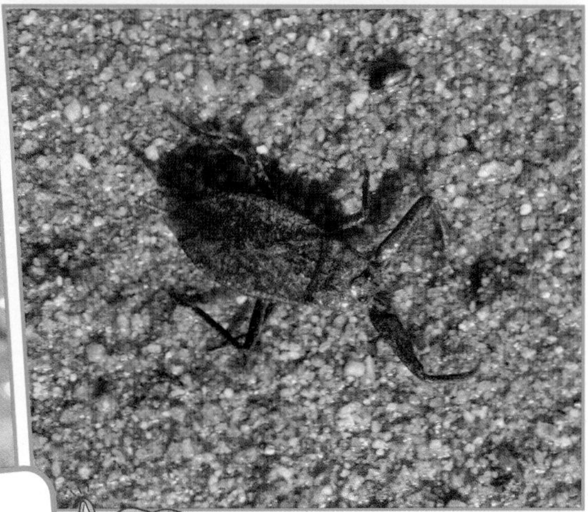

한살이 및 특징

암컷은 물가 주변의 이끼 속에 알을 낳는다. 알에서 깬 애벌레는 물속에 사는 작은 동물을 잡아먹고 성장하며, 성충은 3~11월쯤 나타난다.

관찰 탐구 포인트

- 메추리장구애비의 생김새를 관찰해 볼까?
- 메추리장구애비의 한살이 과정을 탐구해 볼까?
- 메추리장구애비와 장구애비를 관찰하고 차이점을 비교해 볼까?

게아재비

학명: *Ranatra chinensis* Mayr, 1865
분류 체계: 노린재목, 장구애비과, 게아재비속

게아재비는 몸길이가 40~45밀리미터가량이며, 몸 색깔은 전체적으로 광택이 나는 황갈색을 띠었어요. 생김새가 사마귀와 비슷하여 '물사마귀'라는 별명도 붙었지요. 녀석은 배 끝에 몸길이 정도 되는 기다란 숨관이 1쌍 달려 있어, 숨을 쉴 때 물 밖으로 꺼내서 호흡한답니다.

게아재비는 우리나라 전국 곳곳에서 살아가요. 수생 식물이 많은 연못이나 저수지, 하천의 가장자리 부분에서 볼 수 있지요. 녀석은 수초 사이를 천천히 기어다니거나 수생 식물 사이에 숨어서 물속에 사는 작은 동물을 사냥해요. 낫처럼 생긴 앞다리로 사냥감을 잡은 후 체액을 빨아 먹는답니다.

짝짓기 철이 되면 암컷은 물가 주변의 흙이나 이끼 속에 알을 낳아요. 알에서 깬 애벌레는 물속에서 아가미 호흡을 하며, 성충이 되면 숨관으로 호흡하지요. 애벌레는 4~6차례가량 탈피한 뒤 9~10월쯤 성충이 된답니다.

- **크기:** 40~45mm
- **몸 색깔:** 광택이 나는 황갈색
- **사는 곳:** 연못, 저수지, 하천 등
- **주요 먹이:** 물속 동물
- **몸놀림(비행 속도):** 느림
- **활동 시간:** 낮
- **멸종 위기 등급:** 중간
- **관찰 시기(출현 시기):** 1월 2월 **3월 4월 5월 6월 7월 8월 9월 10월 11월** 12월
- **북한명:** 게아재비(물사마귀)
- **분포:** 전국

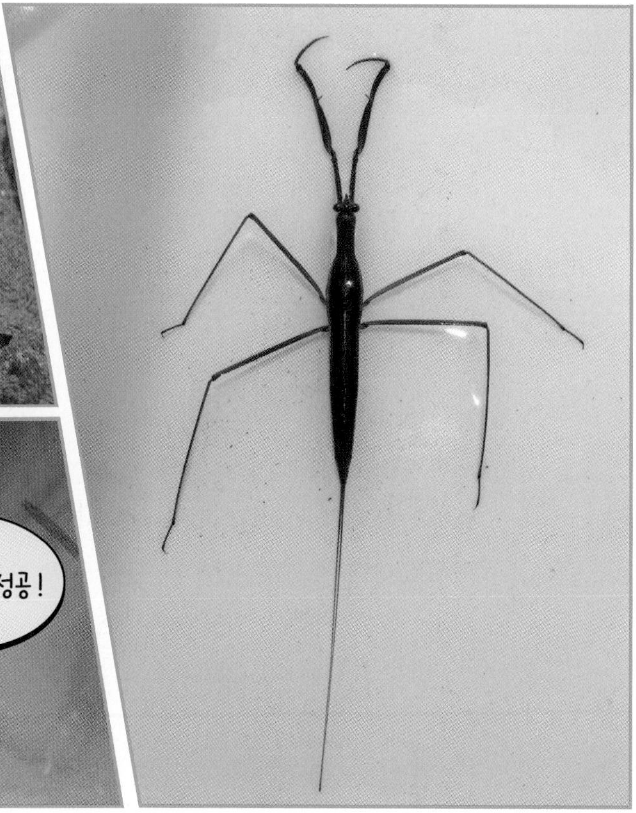

한살이 및 특징

암컷은 물가 주변의 흙이나 이끼 속에 알을 낳는다. 알에서 깬 애벌레는 4~6차례가량 탈피한 뒤 성충이 된다.

관찰 탐구 포인트

- 게아재비의 생김새를 관찰해 볼까?
- 게아재비의 한살이 과정을 탐구해 볼까?

방게아재비

학명: *Ranatra unicolor* Scott, 1874
분류 체계: 노린재목, 장구애비과, 게아재비속

동물 이름 중에는 '방' 자가 들어간 종들이 있어요. 보통 생김새가 비슷한 다른 종들에 비해 몸집이 작을 때 붙는 말이지요. 방게아재비 역시 게아재비보다 몸집이 작아서 붙은 이름이에요. 녀석은 몸길이가 25~30밀리미터가량으로 게아재비와 매우 비슷하게 생겼지만, 몸집이 더 작고 숨관의 길이 역시 몸길이의 3분의 2 정도로 더 짧답니다.

방게아재비는 우리나라 전국 곳곳에서 살아가요. 주로 수생 식물이 많은 연못이나 저수지, 하천 가장자리, 논에서 볼 수 있지요. 게아재비처럼 물속 수초 사이를 천천히 걸어 다니거나, 수생 식물 사이에 숨어 있다가 사냥을 해요. 낫처럼 생긴 앞다리로 물속에 사는 작은 동물을 잡은 후 체액을 빨아 먹지요.

짝짓기 철이 되면 암컷은 물가 주변의 흙이나 이끼 속에 알을 낳아요. 알에서 깬 애벌레는 물속에 사는 작은 동물을 잡아먹으며 성장하다가 8~10월쯤 성충이 된답니다.

- **크기:** 25~30mm
- **몸 색깔:** 광택이 나는 황갈색
- **사는 곳:** 연못, 저수지, 하천 등
- **주요 먹이:** 물속 동물
- **몸놀림(비행 속도):** 느림
- **활동 시간:** 낮
- **멸종 위기 등급:** 중간
- **관찰 시기(출현 시기):** 1월 2월 3월 4월 5월 6월 7월 8월 9월 10월 11월 12월
- **북한명:** 방게아재비
- **분포:** 전국

한살이 및 특징

암컷은 물가 주변의 흙이나 이끼 속에 알을 낳는다. 알에서 깬 애벌레는 물속에 사는 작은 동물을 잡아먹으며 성장하다가 8~10월쯤 성충이 된다.

관찰 탐구 포인트

- 방게아재비의 생김새를 관찰해 볼까?
- 방게아재비의 한살이 과정을 탐구해 볼까?
- 방게아재비와 게아재비를 관찰하고 차이점을 비교해 볼까?

소금쟁이

소금쟁이
애소금쟁이
등빨간소금쟁이

소금쟁이란?

소금쟁이는 노린재아목 소금쟁이과, 실소금쟁이과, 깨알소금쟁이과에 속한 곤충의 무리를 말해요. 우리나라에는 소금쟁이, 애소금쟁이, 등빨간소금쟁이 등을 포함해 총 27종이 살고 있지요.

생김새는 조금씩 다르지만 대부분 몸이 가볍고, 다리에 난 미세한 방수성 털 덕분에 물 위를 미끄러지듯 떠다닐 수 있다는 공통점이 있어요. 날개가 있어서 웅덩이 등의 서식 환경이 나빠지면 다른 곳을 찾아 이동할 수 있어요. 하지만 비행 실력이 좋은 편이 아니라서 먼 거리를 날아갈 수는 없어요. 끝이 뾰족한 빨대처럼 생긴 주둥이를 이용해 물가에 죽어 있는 작은 물고기나 곤충 등의 체액을 빨아 먹고 살아간답니다.

소금쟁이의 각 부위와 명칭

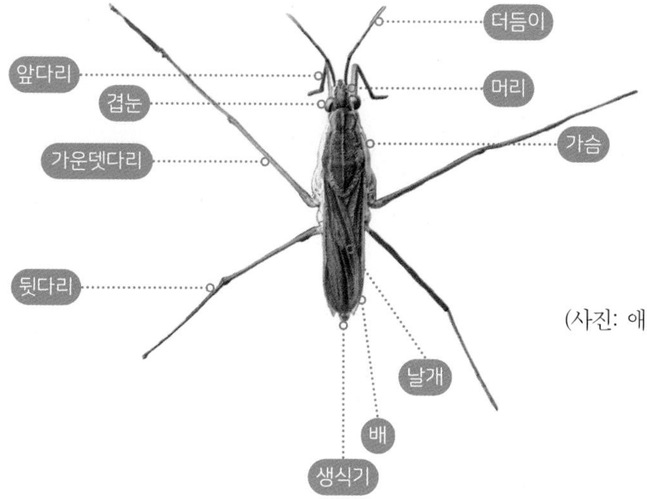

(사진: 애소금쟁이)

소금쟁이는 어떻게 물에 뜰까?

소금쟁이가 물 위를 재빠르게 떠다닐 수 있는 것은 표면장력이라는 힘 때문이에요. 표면장력은 물과 같은 액체에서 표면적을 최소화시키려는 힘을 말하는데, 소금쟁이는 몸무게가 가벼워 표면장력이 중력보다 커서 물 위에 뜰 수 있답니다. 또 소금쟁이는 다리에 기름 성분이 있는 잔털이 많이 나 있어서 물에 잘 뜰 수 있어요. 실제로 소금쟁이 다리를 비눗물로 씻겨 기름기를 없애면 물속에 가라앉는 모습을 볼 수 있어요.

소금쟁이 다리의 역할

소금쟁이는 3쌍의 다리가 있어요. 다리는 부위별로 각각 역할이 달라요. 앞다리는 주로 먹이를 잡거나 몸을 지탱하는 역할을 하고, 가운뎃다리는 물 위를 점프해서 이동하는 데 사용해요. 특히 가운뎃다리가 없으면 점프를 못 해서 앞으로 나아갈 수가 없지요. 뒷다리는 이동 방향을 바꾸는 데 사용한답니다.

소금쟁이의 성별(암컷과 수컷)

소금쟁이는 암컷이 수컷보다 몸집이 큰 편이지만 겉모습만으로 암수를 구분하기는 어려워요. 암수를 구분하려면 배 끝부분의 생김새를 잘 살펴봐야 해요. 암컷은 배 끝이 둥글게 생긴 데 비해 수컷은 배 끝이 뾰족해요. 또 수컷의 날개가 암컷보다 조금 더 길지요.

소금쟁이의 한살이

소금쟁이는 번데기 시기를 거치지 않고 알, 애벌레, 성충(어른벌레)으로 자라는 불완전 탈바꿈을 하는 곤충이에요. 짝짓기 시기가 되면 수컷은 암컷의 등에 올라타 배 끝을 암컷의 배 끝에 붙여 짝짓기하지요. 짝짓기를 끝낸 암컷은 웅덩이 주변의 돌 또는 낙엽처럼 떠 있는 물체에 타원형 모양의 알을 낳아 붙여요.

알은 20~24일가량 지나면 애벌레로 부화하기 시작해요. 보통 온도가 높을수록 부화 시기는 더 빨라져요. 알에서 갓 깬 애벌레는 몸 색깔이 투명하지만, 이후 성장하면서 점차 성충과 비슷한 갈색을 띠어요. 애벌레는 물 위에 떠 있는 낙엽이나 나무, 돌 등에서 탈피하며, 4회가량 탈피한 뒤 날개가 있는 성충이 된답니다.

소금쟁이

학명: *Aquarius paludum paludum* (Fabricius, 1794)
분류 체계: 노린재목, 소금쟁이과, 왕소금쟁이속

소금쟁이는 물 위에 떠 있는 모습이 마치 소금 장수가 소금 가마니를 이고 다니는 모습과 비슷하다고 하여 붙은 이름이에요. 몸길이는 11~16밀리미터 가량이고 몸 색깔은 전체적으로 어두운 갈색을 띠고 있지요. 몸집에 비해 더듬이는 매우 짧으며, 앞다리보다 가운뎃다리와 뒷다리가 아주 긴 편이랍니다.

소금쟁이는 우리나라 전국 곳곳에서 살아가요. 물살이 세지 않은 하천이나 물이 고여 있는 웅덩이, 연못, 저수지 등에서 쉽게 볼 수 있지요. 녀석들은 물 위를 스치듯 이동해 다닐 수 있어요. 몸이 매우 가볍고, 다리에 난 미세한 방수성 털 덕분에 물에 빠지지 않는 것이지요. 녀석들은 물고기나 물속에 사는 작은 동물, 물에 떨어진 곤충 따위를 사냥해서 체액을 빨아 먹고 살아간답니다.

짝짓기 철이 되면 암컷은 웅덩이 주변의 돌 또는 낙엽처럼 떠 있는 물체에 알을 낳아 붙여요. 알에서 깬 애벌레는 2달가량 성장한 뒤 4~11월쯤 성충이 되지요. 수서 곤충이지만 날개가 달려 있어 서식지 환경이 나빠지면 비행해서 다른 곳으로 이동할 수 있답니다.

- **크기:** 11~16mm
- **몸 색깔:** 어두운 갈색
- **사는 곳:** 하천이나 물이 고여 있는 웅덩이, 연못, 저수지
- **주요 먹이:** 작은 동물
- **몸놀림(비행 속도):** 빠름
- **활동 시간:** 낮
- **멸종 위기 등급:** 낮음
- **관찰 시기(출현 시기):** 1월 2월 3월 4월 5월 6월 7월 8월 9월 10월 11월 12월
- **북한명:** 소금쟁이
- **분포:** 전국

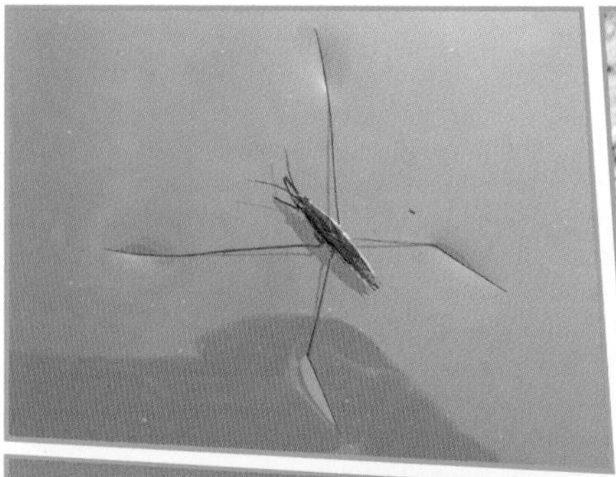

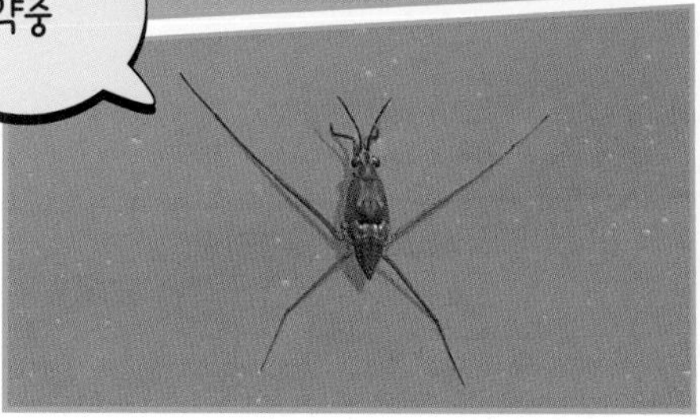

약충

한살이 및 특징

암컷은 웅덩이 주변의 돌 또는 낙엽처럼 떠 있는 물체에 알을 낳아 붙인다. 애벌레는 2달가량 성장한 뒤 4~11월쯤 성충이 된다.

관찰 탐구 포인트

- 소금쟁이의 생김새를 관찰해 볼까?
- 소금쟁이의 한살이 과정을 탐구해 볼까?
- 소금쟁이가 물 위에 뜨는 원리를 조사해 볼까?

애소금쟁이

학명: *Gerris (Gerris) latiabdominis* Miyamoto, 1958
분류 체계: 노린재목, 소금쟁이과, 소금쟁이속

애소금쟁이는 소금쟁이보다 몸집이 더 작아서 붙은 이름이에요. 하지만 소금쟁이와 생김새가 매우 비슷해서 몸집의 크기만으로는 두 종을 구분하기가 어려워요. 애소금쟁이 몸길이가 8~12밀리미터가량으로 소금쟁이보다 작기는 해도 실제로는 거의 차이를 알 수 없기 때문이지요. 두 종을 구분하기 위해서는 배 끝을 자세히 살펴봐야 해요. 배 끝 양쪽에 돌기가 튀어나와 있으면 소금쟁이, 없으면 애소금쟁이랍니다.

애소금쟁이는 우리나라 전국 곳곳에서 살아가요. 물살이 세지 않은 하천이나 웅덩이, 연못, 저수지 등에서 쉽게 볼 수 있지요. 특히 소금쟁이 무리 중에서는 가장 개체 수가 많아 어디서든 쉽게 만날 수 있답니다. 녀석들은 물 위를 스치듯 이동해 다닐 수 있어요. 몸이 매우 가벼운 데다가 다리에 난 방수성 털 덕분에 물에 빠지지 않는 것이지요. 녀석들은 물고기나 물속에 사는 작은 동물, 물에 떨어진 곤충을 사냥해서 체액을 빨아 먹고 살아요.

짝짓기 철이 되면 암컷은 웅덩이 주변의 수초 등에 알을 낳아 붙여요. 알에서 깬 애벌레는 5회가량 탈피하며 성장한 후 5~9월쯤 성충이 되지요. 수서 곤충이지만 날개가 달려 있어 서식지 환경이 나빠지면 비행해서 다른 곳으로 이동할 수 있답니다.

- **크기:** 8~12mm
- **몸 색깔:** 어두운 갈색
- **사는 곳:** 하천, 웅덩이, 연못, 저수지
- **주요 먹이:** 작은 동물
- **몸놀림(비행 속도):** 빠름
- **활동 시간:** 낮
- **멸종 위기 등급:** 중간
- **관찰 시기(출현 시기):** 1월 2월 3월 4월 **5월 6월 7월 8월 9월** 10월 11월 12월
- **분포:** 전국

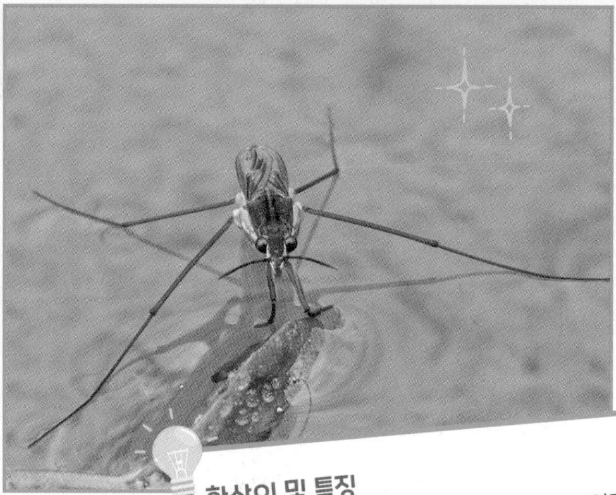

한살이 및 특징

암컷은 웅덩이 주변의 수초 등에 알을 낳아 붙인다. 알에서 깬 애벌레는 5회가량 탈피하며 성장한 후 5~9월쯤 성충이 된다.

관찰 탐구 포인트

- 애소금쟁이의 생김새를 관찰해 볼까?
- 애소금쟁이의 한살이 과정을 탐구해 볼까?
- 애소금쟁이와 소금쟁이를 관찰하고 차이점을 비교해 볼까?

등빨간소금쟁이

학명: *Gerris (Macrogerris) gracilicornis* (Horváth, 1879)
분류 체계: 노린재목, 소금쟁이과, 소금쟁이속

등빨간소금쟁이는 다른 소금쟁이들에 비해 상대적으로 등 면의 색깔이 붉은빛을 띠어 붙은 이름이에요. 이름과 생김새가 아주 잘 어울리는 녀석이며, 다른 소금쟁이들과는 조금 더 쉽게 구분할 수 있지요. 몸길이는 10~15밀리미터가량이고 몸 색깔은 전체적으로 어두운 갈색을 띠었답니다.

등빨간소금쟁이는 우리나라 전국 곳곳에서 살아가요. 주로 숲속에 자리한 웅덩이나 옹달샘처럼 물이 고인 곳에서 볼 수 있지요. 녀석들은 물 위를 스치듯 이동해 다닐 수 있어요. 몸이 매우 가볍고, 다리에 난 미세한 방수성 털 덕분에 물에 빠지지 않는 것이지요.

짝짓기 철이 되면 암컷은 웅덩이 주변의 수초 등에 알을 낳아 붙여요. 애벌레 시기를 거쳐 다 자란 성충은 날개가 긴 장시형과 날개가 짧은 단시형으로 구분해요. 녀석들은 물고기나 물속에 사는 작은 동물, 물에 떨어진 곤충을 사냥해서 체액을 빨아 먹고 살아간답니다.

- **크기:** 10~15mm
- **몸 색깔:** 어두운 갈색, 등 면은 붉은색
- **사는 곳:** 숲속 웅덩이, 옹달샘
- **주요 먹이:** 작은 동물
- **몸놀림(비행 속도):** 빠름
- **활동 시간:** 낮
- **멸종 위기 등급:** 중간
- **관찰 시기(출현 시기):** 1월 2월 **3월 4월 5월 6월 7월** 8월 9월 10월 11월 12월
- **북한명:** 등붉은애기소금쟁이
- **분포:** 전국

한살이 및 특징

암컷은 웅덩이 주변의 수초 등에 알을 낳아 붙인다. 물속에 사는 작은 동물, 물에 떨어진 곤충을 사냥하며 살아간다.

관찰 탐구 포인트

- 등빨간소금쟁이의 생김새를 관찰해 볼까?
- 등빨간소금쟁이의 한살이 과정을 탐구해 볼까?
- 등빨간소금쟁이와 소금쟁이, 애소금쟁이를 관찰하고 차이점을 비교해 볼까?

하루살이

참납작하루살이
가는무늬하루살이

하루살이란?

하루살이는 하루살이목에 속한 곤충의 무리를 말해요. 우리나라에는 무늬하루살이, 부채하루살이, 네점하루살이 등을 포함해 모두 81종이 살고 있어요.

커다란 겹눈이 있고, 배 끝에는 2~3개가량의 가늘고 기다란 꼬리가 달려 있어요. 날개는 하루살이 대부분 2쌍이 있지만 비행 실력이 그다지 뛰어난 편은 아니지요. 입이 퇴화해 먹이를 먹지 못하며, 소화기관 역시 퇴화해서 거의 기능을 하지 못해요. 다 자란 하루살이는 아무것도 먹지 않은 채 짝짓기를 하고 생을 마치는 경우가 많답니다.

하루살이의 각 부위와 명칭

(사진: 네점하루살이)

최초의 하루살이

하루살이는 3억 년 전 고생대 시기에 맨 처음 등장했어요. 잠자리가 등장했던 시기와 비슷하지요. 몸의 구조와 생김새는 고생대에 살았던 하루살이와 크게 다르지 않아요. 다만 오늘날 볼 수 있는 하루살이는 앞날개가 뒷날개보다 훨씬 더 크지만, 당시에 살았던 하루살이는 앞날개와 뒷날개의 크기가 거의 비슷했다고 해요.

하루살이는 정말 하루만 살까?

하루살이는 하루만 산다고 해서 그런 이름이 붙었어요. 하지만 이 말은 맞는 것일 수도 있고 틀린 것일 수도 있어요. 다 자란 하루살이는 하루를 채 못 살고 죽는 종도 있지만, 2주 넘게 사는 종도 있거든요. 게다가 알부터 시작해서 애벌레 시기까지를 전체 수명에 포함하면 녀석들의 수명은 1년에서 2년 이상으로 길어지지요. 하루살이가 생각했던 만큼 짧은 삶을 사는 것은 아니지요?

아성충 시기

하루살이는 애벌레에서 성충이 되는 과정에서 아성충이라는 독특한 시기를 거쳐요. 아성충은 성충과 거의 비슷하게 생겼으나 몸 색깔이 성충에 비해 옅고, 날개 기능이 덜 발달해 있어요. 또 성적으로도 미숙해서 번식할 수 없는 상태랍니다.

하루살이의 한살이

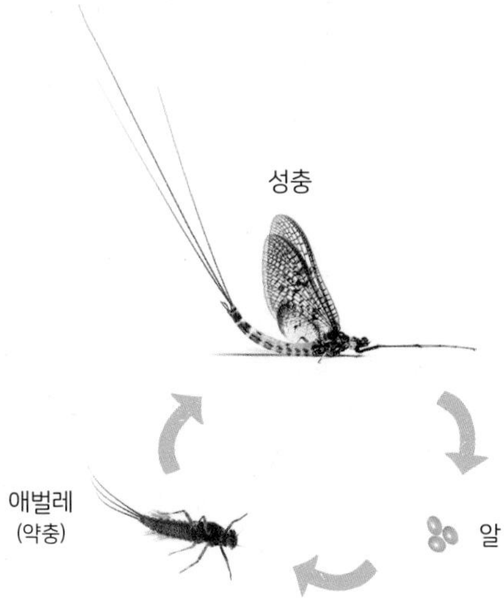

하루살이는 번데기 시기를 거치지 않고 알, 애벌레, 성충(어른벌레)으로 자라는 불완전 탈바꿈을 하는 곤충이에요. 짝짓기를 끝낸 암컷은 계곡, 개울 등의 물속에 알을 낳아요.

한 달가량 지나면 알에서 깨기 시작하는데, 애벌레는 물속에서 낙엽이나 유기물 등을 먹으며 성장해요. 그러고는 10~20회가량 허물을 벗은 뒤 물 밖으로 나와 아성충이 돼요. 아성충은 물가 주변의 바위나 돌, 나무, 풀 등에 앉아 한 번의 허물을 벗고 나서 비로소 성충으로 탈바꿈한답니다.

참납작하루살이

학명: *Ecdyonurus dracon* Kluge, 1983
분류 체계: 하루살이목, 납작하루살이과, 참납작하루살이속

참납작하루살이는 애벌레 시기의 몸이 납작해서 붙은 이름이에요. 몸길이는 11밀리미터가량이며, 몸 색깔은 전체적으로 검은색 바탕에 회색과 갈색의 줄무늬가 나 있어요. 배 끝에는 몸길이의 3배가량 되는 기다란 꼬리가 2갈래로 나 있답니다.

참납작하루살이는 우리나라 전국 곳곳에서 살아가요. 주로 계곡 주변의 돌이나 풀숲에서 볼 수 있지요. 하지만 몸 색깔이 주변의 바위나 돌 색깔과 비슷해서 눈에 잘 띄는 편은 아니에요. 주위 환경과 비슷한 몸 색깔이 보호색이 되어 녀석을 천적으로부터 지켜 준답니다.

애벌레는 물속 돌 밑이나 모래 속에 숨어서 살아가요. 물살이 빠르며 물속 산소가 많이 녹아 있는 깨끗한 계곡에서 볼 수 있지요. 애벌레는 몸이 납작해서 계곡의 빠른 물살을 견딜 수 있답니다. 성충은 3월쯤부터 관찰할 수 있는데, 주로 계곡 주변의 바위나 돌에 달라붙어 있는 경우가 많아요.

- **크기:** 11mm
- **몸 색깔:** 검은색 바탕, 회색과 갈색 줄무늬
- **사는 곳:** 계곡 주변
- **주요 먹이:** 물속 각종 유기물(애벌레)
- **몸놀림(비행 속도):** 느림
- **활동 시간:** 낮
- **멸종 위기 등급:** 낮음
- **관찰 시기(출현 시기):** 1월 2월 **3월 4월 5월** 6월 7월 8월 9월 10월 11월 12월
- **분포:** 전국

한살이 및 특징

애벌레는 물속 돌 밑이나 모래 속에 숨어서 살아간다. 성충은 3월쯤부터 관찰할 수 있는데, 주로 계곡 주변의 바위나 돌에 달라붙어 있는 경우가 많다.

관찰 탐구 포인트

- 참납작하루살이의 생김새를 관찰해 볼까?
- 참납작하루살이 애벌레의 생김새를 관찰해 볼까?
- 참납작하루살이의 한살이 과정을 탐구해 볼까?

가는무늬하루살이

학명: *Ephemera separigata* Bae, 1995
분류 체계: 하루살이목, 하루살이과, 하루살이속

가는무늬하루살이는 배 측면에 검은색 줄무늬가 나 있어서 붙은 이름이에요. 애벌레 역시 배에 가느다란 갈색 무늬가 나 있지요. 이름과 생김새가 잘 어울리는 녀석이지요? 몸길이는 20~25밀리미터가량으로 우리나라에 사는 하루살이 무리 중에서 몸집이 큰 편이에요. 몸 색깔은 전체적으로 검은색 바탕에 배가 옅은 회색을 띠었고, 배 옆으로 검은색 줄무늬가 나 있지요. 배 끝에는 몸길이의 3배가량 되는 기다란 꼬리가 3갈래로 나 있답니다.

가는무늬하루살이는 우리나라 전국 곳곳에서 살아가요. 주로 해발 500미터 이상의 산지 계곡에서 발견되지요. 애벌레는 물살이 느린 계곡 가장자리에서 살아가요. 천적의 위협에 대비해 흙이나 모래 속에 구멍을 파고 숨어 있을 때가 많아요. 우리나라 학자에 의해 맨 처음 신종으로 기재되었으며, 성충은 4월쯤부터 나타나기 시작한답니다.

- **크기:** 20~25mm
- **몸 색깔:** 검은색 바탕, 배는 회색에 검은색 줄무늬
- **사는 곳:** 계곡 주변
- **주요 먹이:** 물속 유기물(애벌레)
- **몸놀림(비행 속도):** 느림
- **활동 시간:** 낮
- **멸종 위기 등급:** 낮음
- **관찰 시기(출현 시기):** 1월 2월 3월 **4월 5월 6월** 7월 8월 9월 10월 11월 12월
- **북한명:** 무늬하루살이
- **분포:** 전국

한살이 및 특징

애벌레는 물살이 느린 계곡 가장자리 주변에서 살아간다. 천적의 위협에 대비해 주로 모래 속에 구멍을 파고 숨어 있는 경우가 많다.

관찰 탐구 포인트

- 가는무늬하루살이의 생김새를 관찰해 볼까?
- 가는무늬하루살이의 한살이 과정을 탐구해 볼까?
- 가는무늬하루살이와 참납작하루살이를 관찰하고 차이점을 비교해 볼까?

사마귀

사마귀
왕사마귀
좀사마귀
넓적배사마귀

사마귀란?

사마귀는 사마귀목 사마귀과, 애기사마귀과에 속한 곤충의 무리를 말해요. 우리나라에는 사마귀, 왕사마귀, 항라사마귀를 비롯해 모두 8종(애기사마귀 포함)이 살고 있어요.

전체적으로 몸이 기다랗고 몸 색깔은 녹색이나 갈색을 띠어요. 낫처럼 생긴 앞다리에는 날카로운 가시가 나 있어서 메뚜기나 잠자리는 물론 개구리나 물고기까지 잡아먹을 수 있답니다.

사마귀의 각 부위와 명칭

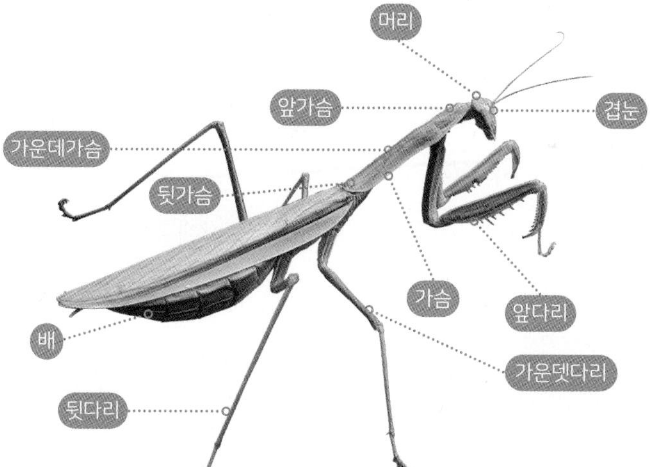

(사진: 왕사마귀)

최초의 사마귀

사마귀가 지구상에 맨 처음 등장한 시기는 중생대 막바지쯤인 백악기 무렵이에요. 많은 곤충이 고생대 시기에 등장한 것에 비하면 상당히 늦은 편이지요. 백악기 시기의 화석에는 지금과는 다른 사마귀 모습이 남아 있답니다.

사마귀의 성별(암컷과 수컷)

사마귀는 암컷이 수컷보다 몸집이 훨씬 커요. 그래서 몸집의 크기를 서로 비교하면 쉽게 성별을 구분할 수 있지요. 이외에도 배의 생김새가 달라요. 수컷은 배의 체절이 8개, 암컷은 6개여서 차이가 있어요. 또 수컷은 암컷보다 배 모양이 더 날씬하답니다.

암컷이 수컷을 잡아먹어

사마귀는 행동이 매우 거칠고 사나운 곤충이에요. 풀숲에 숨어 있다가 작은 곤충이나 거미가 보이면 낫처럼 생긴 앞다리를 이용해서 잽싸게 공격하지요.

특히 번식기가 되면 암컷의 공격성은 혀를 내두를 정도로 심해져요. 짝짓기하는 중간에 수컷을 잡아먹기까지 하거든요. 수컷은 몸이 뜯기면서도 2세를 남기기 위해 기꺼이 자기의 몸을 암컷에게 내어준답니다. 그 덕분에 암컷은 수컷의 몸을 영양분 삼아 더 튼튼하고 많은 알을 남길 수 있지요.

사마귀의 한살이

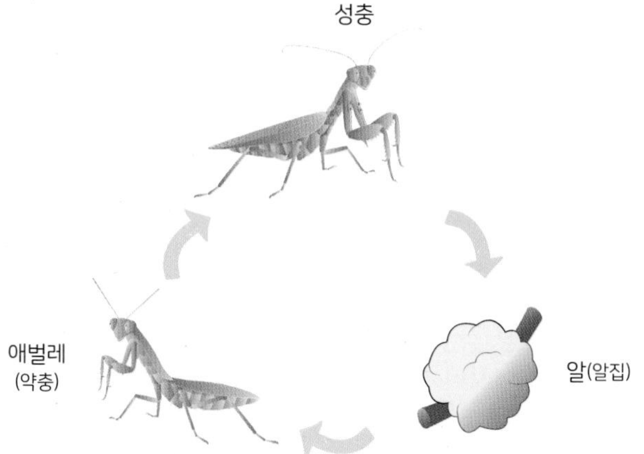

사마귀는 번데기 시기를 거치지 않고 알, 애벌레, 성충(어른벌레)으로 자라는 불완전 탈바꿈을 하는 곤충이에요. 짝짓기를 끝낸 암컷은 보통 나무나 바위, 갈대 등에 알을 낳아요. 그런 다음 알 표면을 거품으로 덮어 알을 보호하지요.

알 상태로 겨울을 나며, 이듬해 봄이 되면 부화하기 시작해요. 알에서 갓 나온 애벌레는 몸집이 매우 작은데, 보통 1개의 알집에서 대략 200마리의 애벌레가 나와요. 애벌레는 작은 동물을 잡아먹으며 성장하고, 7번가량의 탈피를 거쳐 7~11월쯤 성충이 된답니다.

사마귀

학명: *Tenodera angustipennis* Saussure, 1869
분류 체계: 사마귀목, 사마귀과, 사마귀속

사마귀는 풀숲에서 살아가는 곤충 중에서 가장 최상위에 자리한 포식자 중 하나예요. 몸길이가 70~85밀리미터에 이를 만큼 몸집도 커서 자신보다 덩치 큰 동물이 공격해 와도 결코 물러서지 않아요. 몸 색깔은 녹색을 띤 개체와 갈색을 띤 개체가 있는데, 이는 애벌레 시기의 서식 환경에 따라 결정돼요. 비슷하게 생긴 왕사마귀에 비해 몸이 전체적으로 가는 편이며, 앞다리 사이에 주황색을 띤 점이 나 있어서 왕사마귀와 차이가 있답니다.

사마귀는 우리나라 전국 곳곳에서 살아가요. 숲 가장자리의 산길이나 농경지, 저수지 주변 등의 풀숲에서 흔히 볼 수 있지요. 녀석들은 보통 풀잎 위에 앉아 있을 때가 많아요. 풀숲 주변을 지나가는 먹잇감을 사냥하기 위해서지요. 낫처럼 생긴 앞다리와 강한 턱을 이용하면 어떤 곤충이든 잡아먹을 수 있답니다.

짝짓기 철이 되면 암컷은 나무, 바위 등에 거품 같은 분비물과 함께 알을 낳아요. 이 분비물은 알 표면을 둘러싸서 알을 보호하지요. 알 상태로 겨울을 나며, 이듬해 봄이 되면 부화하기 시작해요. 알에서 깬 애벌레는 7번가량 탈피한 뒤 7~11월쯤 성충이 된답니다.

- **크기:** 70~85mm
- **몸 색깔:** 녹색, 갈색
- **사는 곳:** 숲 가장자리의 산길, 농경지, 저수지 주변 등의 풀숲
- **주요 먹이:** 작은 동물
- **몸놀림(비행 속도):** 느림
- **활동 시간:** 낮
- **멸종 위기 등급:** 낮음
- **관찰 시기(출현 시기):** 1월 2월 3월 4월 5월 6월 **7월 8월 9월 10월 11월** 12월
- **분포:** 전국

한살이 및 특징

암컷은 나무, 바위 등에 거품 같은 분비물과 함께 알을 낳는다. 이 분비물은 알 표면을 둘러싸서 알을 보호한다. 알 상태로 겨울을 나며, 봄이 되면 애벌레로 부화한 후 7~11월쯤 성충이 된다.

관찰 탐구 포인트

- 사마귀의 생김새를 관찰해 볼까?
- 사마귀와 왕사마귀를 관찰하고 차이점을 비교해 볼까?

왕사마귀

학명: *Tenodera sinensis* Saussure, 1871
분류 체계: 사마귀목, 사마귀과, 사마귀속

왕사마귀는 우리나라에서 사는 사마귀 중에서 가장 몸집이 커서 붙은 이름이에요. 몸길이가 70~95밀리미터가량으로 사마귀보다 몸집이 더 큰 편이지요. 하지만 겉모습만 봐서는 두 종을 구분하기가 매우 어려워요. 앞다리 사이에 나 있는 무늬의 색깔을 확인해야만 두 종을 구분할 수 있답니다. 사마귀가 앞다리 사이에 주황색 점이 나 있는 것과 달리 왕사마귀는 노란색 점이 나 있어요. 또 뒷날개 색깔이 자줏빛이 도는 갈색을 띠고 있어 서로 차이가 있답니다.

왕사마귀는 우리나라 전국 곳곳에서 살아가요. 숲 가장자리의 산길이나 농경지, 저수지 주변 등의 풀숲에서 볼 수 있지요. 녀석들은 사마귀처럼 사냥 실력이 매우 뛰어나요. 낫처럼 생긴 앞다리와 강한 턱을 이용해 풀숲에 사는 여러 동물을 잡아먹고 살아간답니다.

짝짓기 철이 되면 암컷은 나무, 바위 등에 거품 같은 분비물과 함께 알을 낳아요. 이 분비물은 알 표면을 둘러싸서 알을 보호하지요. 알 상태로 겨울을 나며, 이듬해 봄이 되면 부화하기 시작해요. 알에서 깬 애벌레는 7번가량 탈피한 뒤 7~11월쯤 성충이 된답니다.

- **크기:** 70~95mm
- **몸 색깔:** 녹색, 갈색
- **사는 곳:** 숲 가장자리의 산길, 농경지, 저수지 주변 등의 풀숲
- **주요 먹이:** 작은 동물
- **몸놀림(비행 속도):** 느림
- **활동 시간:** 낮
- **멸종 위기 등급:** 낮음
- **관찰 시기(출현 시기):** 1월 2월 3월 4월 5월 6월 **7월 8월 9월 10월 11월** 12월
- **분포:** 전국

한살이 및 특징

암컷은 나무, 바위 등에 알을 낳는다. 알 상태로 겨울을 나며, 봄이 되면 애벌레로 부화한 후 7~11월쯤 성충이 된다.

관찰 탐구 포인트

- 왕사마귀의 생김새를 관찰해 볼까?
- 왕사마귀의 한살이 과정을 탐구해 볼까?

좀사마귀

학명: *Statilia maculata* Thunberg, 1784
분류 체계: 사마귀목, 사마귀과, 좀사마귀속

좀사마귀는 우리나라에 사는 사마귀 무리 중 몸집이 작아서 붙은 이름이에요. '좀'이라는 말은 생물 이름 앞에 붙어서 작다는 뜻을 나타내거든요. 실제로 녀석은 몸길이가 48~70밀리미터가량으로 사마귀나 왕사마귀에 비해 몸집이 훨씬 작은 편이에요. 몸 색깔은 주로 짙은 갈색 바탕에 작은 점들이 불규칙하게 나 있지요. 하지만 드물게 녹색을 띤 녀석들도 있답니다.

좀사마귀는 우리나라 전국 곳곳에서 살아가요. 산길이나 공원 주변의 땅과 가까운 풀밭에서 볼 수 있지요. 그래서인지 주로 흙 색깔과 비슷한 보호색으로 몸을 위장할 때가 많아요. 녀석은 다른 사마귀 종보다 공격 성향이 낮은 편이에요. 몸집이 작고, 상대적으로 힘이 약하기 때문이에요. 주로 낮에 먹이 활동을 하고 살아가지만, 밤이 되면 불빛을 보고 모이기도 한답니다.

짝짓기 철이 되면 암컷은 나무, 바위 등에 거품 같은 분비물과 함께 알을 낳아요. 이 분비물은 알 표면을 둘러싸서 알을 보호하지요. 알 상태로 겨울을 나며, 봄이 되면 애벌레로 부화하기 시작해요. 성충은 8~11월쯤 나타난답니다.

- **크기:** 48~70mm
- **몸 색깔:** 갈색, 녹색
- **사는 곳:** 산길, 공원 주변 등의 풀밭
- **주요 먹이:** 작은 동물
- **몸놀림(비행 속도):** 느림
- **활동 시간:** 낮
- **멸종 위기 등급:** 낮음
- **관찰 시기(출현 시기):** 1월 2월 3월 4월 5월 6월 7월 **8월 9월 10월 11월** 12월
- **분포:** 전국

한살이 및 특징

암컷은 나무, 바위 등에 알을 낳는다. 알 상태로 겨울을 나며, 성충은 8~11월쯤 나타난다.

관찰 탐구 포인트

- 좀사마귀의 생김새를 관찰해 볼까?
- 좀사마귀의 한살이 과정을 탐구해 볼까?

넓적배사마귀

학명: *Hierodula patellifera* (Serville, 1839)
분류 체계: 사마귀목, 사마귀과, 넓적배사마귀속

넓적배사마귀는 다른 사마귀 종보다 배가 통통하고 넓적해서 붙은 이름이에요. 몸길이는 45~85밀리미터가량으로 몸집에 비해 머리와 앞다리가 상대적으로 큰 편이지요. 몸 색깔은 주로 녹색을 띠지만, 종종 갈색을 띤 녀석들도 있어요. 앞날개 가장자리에 흰색 점이 나 있으며, 앞다리 밑마디에 옅은 노란색 무늬가 3개 나 있답니다.

넓적배사마귀는 주로 남부 지방에서 살아가요. 하지만 최근에는 전국 곳곳에서 발견되고 있지요. 녀석은 숲 가장자리의 산길이나 공원, 등산로, 저수지 인가 주변 등의 나무 위에서 만날 수 있어요. 야행성 곤충이어서 낮에는 주로 숨어 있다가 밤이 되면 활동하기 시작해요. 주로 나무 주변을 날아다니는 작은 동물들을 사냥하며 살아간답니다.

짝짓기 철이 되면 암컷은 나무나 돌 등에 거품 같은 분비물과 함께 알을 낳아요. 이 분비물은 알 표면을 둘러싸서 알을 보호하지요. 알 상태로 겨울을 나며, 이듬해 봄이 되면 애벌레로 부화하기 시작해요. 애벌레는 배를 둥글게 위로 말아 들고 다니는 습성이 있고, 성충은 8~10월쯤 나타난답니다.

- **크기:** 45~85mm
- **몸 색깔:** 갈색, 녹색
- **사는 곳:** 산길, 공원, 저수지 주변 등의 풀밭
- **주요 먹이:** 작은 동물
- **몸놀림(비행 속도):** 느림
- **활동 시간:** 밤
- **멸종 위기 등급:** 낮음
- **관찰 시기(출현 시기):** 1월 2월 3월 4월 5월 6월 7월 **8월 9월 10월** 11월 12월
- **북한명:** 넙적배사마귀
- **분포:** 전국

한살이 및 특징

암컷은 나무나 돌 등에 알을 낳는다. 알 상태로 겨울을 나며, 성충은 8~10월쯤 나타난다.

관찰 탐구 포인트

- 넓적배사마귀의 생김새를 관찰해 볼까?
- 넓적배사마귀의 한살이 과정을 탐구해 볼까?

사진 출처

곤충나라 식물나라 카페, 김건혁/ 좀날개여치 약충
곤충나라 식물나라 카페, 김종문/ 왕잠자리 성충
곤충나라 식물나라 카페, 박철우/ 좀날개여치 성충
곤충나라 식물나라 카페, 상산/ 애매미 성충
곤충나라 식물나라 카페, doze/ 잔날개여치 약충
국립생물자원관, 김건혁/ 큰실베짱이 표본
국립생물자원관, 김현태/ 큰실베짱이 성충
국립생물자원관, 정광수/ 고추좀잠자리 표본
국립생물자원관, 현진오/ 고추좀잠자리(오른쪽 위), 물장군(왼쪽 아래)
네이버 블로거, 캘리홀릭/ 베짱이, 깃동잠자리, 왕잠자리 짝짓기
손윤한(생태 활동가)/ 좀날개여치 허물벗기, 고추잠자리 암컷
Shutterstock.com/ 한살이 그림 전체

《교과서 밖으로 튀어나온 곤충 1》 차례
(완전 탈바꿈을 하는 곤충_나비목, 딱정벌레목, 벌목, 파리목)

나비목

나비···› 노랑나비 • 수노랑나비 • 지리산팔랑나비 • 유리창나비 • 배추흰나비 • 호랑나비 • 애호랑나비 • 왕자팔랑나비
나방···› 뱀눈박각시 • 녹색박각시 • 매미나방 • 누에나방, 누에(누에고치) • 노랑애기나방

딱정벌레목

딱정벌레···› 우리딱정벌레 • 멋쟁이딱정벌레 • 홍단딱정벌레
하늘소···› 하늘소 • 장수하늘소 • 소범하늘소 • 붉은산꽃하늘소 • 남색초원하늘소
사슴벌레···› 사슴벌레 • 왕사슴벌레 • 넓적사슴벌레 • 톱사슴벌레
풍뎅이···› 장수풍뎅이 • 왕풍뎅이 • 등얼룩풍뎅이
무당벌레···› 무당벌레 • 큰이십팔점박이무당벌레 • 칠성무당벌레 • 남생이무당벌레
반딧불이···› 늦반딧불이 • 애반딧불이
소똥구리···› 소똥구리 • 왕소똥구리 • 애기뿔소똥구리
물방개···› 물방개 • 검정물방개 • 애기물방개 • 잿빛물방개

벌목

벌···› 꿀벌(양봉꿀벌) • 장수말벌 • 뱀허물쌍살벌 • 호리병벌
개미···› 일본왕개미 • 곰개미 • 네눈개미 • 가시개미

파리목

파리···› 초파리 • 표주박기생파리 • 집파리
모기···› 학질모기(중국얼룩날개모기) • 작은빨간집모기 • 흰줄숲모기